智能化磨粒图像分析及监测技术

武通海 王硕 雷亚国 著

机械工业出版社
CHINA MACHINE PRESS

本书面向装备智能运维学科发展前沿与工程迫切需求，锚定磨粒分析技术智能化方向，围绕传统监测技术中磨粒信息表征不完备、磨损机理辨识精度低与磨损失效诊断不准确的科学问题与应用难题，以机理驱动的磨损状态演变监测为主线，详细介绍了静态磨粒图像传感器设计、运动磨粒图像传感器设计、典型磨粒类型的智能辨识模型、磨损状态的在线监测方法等基础理论与核心技术。

全书内容兼具前沿性、创新性与工程实用性，旨在将作者团队在磨粒分析领域近二十年的经验积累与最新研究成果分享给广大读者，为其开展相关学术研究、解决工程应用难题提供参考。

图书在版编目（CIP）数据

智能化磨粒图像分析及监测技术/武通海，王硕，雷亚国著. —北京：机械工业出版社，2023.10

ISBN 978-7-111-73844-2

Ⅰ.①智…　Ⅱ.①武…　②王…　③雷…　Ⅲ.①智能传感器-图像传感器　Ⅳ.①TP212.6

中国国家版本馆 CIP 数据核字（2023）第 174674 号

机械工业出版社（北京市百万庄大街 22 号　邮政编码 100037）

策划编辑：李小平　　　　　责任编辑：李小平
责任校对：张亚楠　王　延　封面设计：鞠　杨
责任印制：刘　媛

涿州市般润文化传播有限公司印刷

2023 年 12 月第 1 版第 1 次印刷

184mm×260mm·9.5 印张·215 千字

标准书号：ISBN 978-7-111-73844-2

定价：79.00 元

电话服务　　　　　　　　　　网络服务

客服电话：010-88361066　　机　工　官　网：www.cmpbook.com

　　　　　010-88379833　　机　工　官　博：weibo.com/cmp1952

　　　　　010-68326294　　金　书　网：www.golden-book.com

封底无防伪标均为盗版　　机工教育服务网：www.cmpedu.com

序（一）

磨损是使机械系统健康状态恶化的重要因素之一，不过要在运行中检测磨损十分不易，因为构成摩擦副的两表面之间几乎没有可能安装传感器。20 世纪 70 年代初，美国的维侬·C. 威斯特考特（Vernon C. Westcott）发明了一种能够从机械系统在用润滑油中分离出磨损颗粒，人工在显微镜下观察颗粒图像判断该系统磨损状态的铁谱技术。后来根据这个发明制成了分析式铁谱仪和直读式铁谱仪等，才有了比较实用的间接检测磨损状态的可能。1977 年我国第一个访问西方的摩擦学代表团从德国带回了这个技术，在国内引起了热烈反应，这些反应主要可以分为三个方面：①致力于仿制这种铁谱仪；②致力于从铁谱仪得到的磨粒图像和形貌（国外企业已经给出他们认为是经典的图谱）上研究可能表征与磨损状态相关的特征；③针对其弱点进一步改进这种技术，包括改变铁谱仪的设计。从 1982 年开始，西安交通大学润滑理论及轴承研究所在原来需要取样到实验室里人工用铁谱仪和显微镜分析油样中磨粒图像的基础上，发明了可以安装在机械系统上自动取样、分析并报告其与磨损相关健康状态的在线可视电磁铁谱技术，经过多年不断研究改进已经在多种设备上得到应用，相关的仪器在线可视铁谱仪（OLVF）也已经在企业中生产。

本书主要介绍了作者在磨粒图像分析方面的研究成果。作者认为 OLVF 基于磨粒覆盖面积指数（Index of Particle Coverage Area，IPCA）的数据过于笼统，不足以充分获取磨粒图像所包含的信息，需要在磨粒图像上进一步下功夫研究。为得到磨粒在磨粒链图像上的分割、磨粒的三维图像、运动中的磨粒取样和更清晰的表面形貌图像，作者研究和采用了许多新的图像分析方法和新的信息处理技术，并且研制了相应的光学设施，特别是引入了人工智能技术。作者倾注多年心血，力图从磨粒图像分析上增进铁谱技术在机械系统健康状态检测上的能力，为人们对于磨粒图像分析提供了丰富的知识，也为应用这些知识对铁谱技术做进一步改进的应用研究建立了图像处理上的认知基础，是一本对于铁谱技术研究者和开发者需要认真阅读的书。

也要看到，机械系统的健康状态涉及多方面因素，摩擦学失效仅仅是其中一个方面，而摩擦学状态变化也不仅仅表现在磨损状态特别是磨粒图像的变化上。安装在机械系统上的磨损监测仪器不允许因结构复杂而过于昂贵，一个可以考虑的解决方案是适当改进铁谱传感器并将图像传递到某服务平台进行分析并报告检测结果和提出建议。平台可以积累被检测对象包括图像在内的多方面健康状态知识，平台的硬、软件设施可进行大规模运算以支持复杂的知识和信息处理，也就是将上述以及进一步研究的成果做成一个在互联网上的机械系统智能磨损状态检测的知识服务。

中国工程院院士

谢友柏 2023.6.23.

20 世纪 70 年代中期，铁谱（Ferrography）分析技术问世。它巧妙地利用一个以特殊参数设计的永磁场，实现了机械设备液态工作介质中微米级磨损产物的有序分离和采集。工作原理并不深奥，器件结构也不复杂，但它让所有从事摩擦学研究和应用的学者及工程师们，第一次借助光学和电子显微镜，直接观测到以其粒度大小谱状排列的各种磨损产物。从对其形态和表面等图像细节观测中，获取更丰富的摩擦学信息，弥补其他检测技术的缺项。

20 世纪 80 年代，铁谱技术进入发展快车道，并与原子发射光谱、红外光谱、理化分析、颗粒计数等传统检测技术组成油液监测系统。20 世纪 90 年代，在信息技术发展高潮的推动下，对油液监测系统中的数字型信息，开发了数据库和基于大样本采集、适用数学模型回归的诊断软件，尤其在流程工业、交通运输等行业，得到了广泛的生产应用。

然而，铁谱技术一直存在着短板，那就是对它独具能力所获取磨粒图像的数字化自动识别和处理方法。磨粒分析面对的是磨粒群，而不是单体磨粒。这个过程基本应是：单体磨粒的识别—磨损类型的归类—特征磨粒的计数—产生机理的分析—摩擦学状态的评估。在美国试验材料协会（American Society for Testing and Materials，ASTM）制定的铁谱技术操作的标准中，规定了以上磨粒分析的内容并提供将其填写入表的标准样式。而这个过程至今仍由分析人员手工完成，成为实现以上过程的瓶颈。为此国内外学者和工程技术人员多年来开展了寻求实现磨粒自动识别和图像型信息处理方法与技术的研究和开发，并取得了一些成果。

本书作者武通海教授和他的团队，面对这个前沿课题，持之以恒地采用最新图像分析方法和信息处理技术进行科技攻关。如今，集多年成果之大成，撰写出这本专著。其中，多尺度磨粒链形态学分割方法，以纹理、形貌等四属性提取磨粒二维、三维空间特征及参数，磨粒表面的重建，以熵、相关性、惯性矩等七特征对磨粒类型辨识，知识指导的相似磨粒卷积神经网络（CNN）辨识模型，典型失效磨粒分层识别策略等，不但具有学术价值，而且富有可操作性，值得摩擦学研究学者和运用摩擦学监测技术的工程师们认真阅读和借鉴。

当前，世界已进入数智时代。正如本书书名所题，实现人工智能的磨粒图像识别及基于磨粒群体的数据解析，已为时不远。铁谱技术将在摩擦学研究和机械装备的状态监测中，继续发挥出它独有的作用。

杨其明 2023.7.18

　　磨粒图像分析是铁谱分析技术的核心。随着数字化图像分析技术的发展，磨粒图像分析也从人工走向自动乃至智能。但是这种智能化分析技术尚未取得根本性进展，原因在于磨粒图像获取的方法、目标，以及图像自身，都过于复杂。这也制约着铁谱分析技术，即便到了所谓的第四次工业革命初期，仍然难以得到普及性的应用和推广。笔者带着这种认识，以"求其友声"的惶恐与热忱，将近十年的粗浅探索与研究总结出来，期望能有更多的同仁关注并携手推进这项技术的发展。

　　智能化磨粒分析最具价值的应用场景是在线辨识及分析。西安交通大学以谢友柏院士领衔的在线铁谱研究团队，已在这一领域深耕半个多世纪，开发的在线铁谱传感器，给磨粒图像智能分析研究提供了有力工具。而后又推出了运动磨粒传感器，将原来的静态磨粒二维图像分析技术升级为运动磨粒伪三维分析技术。近年来，国外也推出了内嵌神经网络算法的磨粒图像便携式分析系统。这些技术的发展虽然还不能真正解决磨损机理在线辨识的难题，但让人看到了磨粒智能化分析技术的未来。即便发展速度相对较慢，但也足以令人振奋。

　　本书围绕在线磨粒图像监测技术的基本脉络，首先介绍了两类传感器技术，然后介绍磨粒类型辨识方面的发展，最后介绍磨损状态监测方面的初步应用。需要说明的是，这些内容基本上都是笔者研究团队十余年的研究结果及部分同行研究成果，并未包含领域的全部研究进展。

　　作者在数十年的科学研究中，得到了国家重点研发计划（项目编号：2022YFB3402100）、国家自然科学基金面上项目（项目编号：51975455；51675403；51275381；50905135）等若干基金项目的资助，书中列举的案例大部分都是以上项目的研究成果，若没有这些项目的支持，本书难以成稿。

　　本书写作过程中有幸得到了铁谱分析领域前辈杨其明教授的指导并作序。作者的恩师，中国工程院院士谢友柏教授专门为本书拨冗作序，给予了肯定与期望。得益于两位前辈的教导，本书才得以呈现；但笔者深知水平有限，疏漏错误之处在所难免，敬请同行专家和广大读者谅解并不吝指正。

　　"十年冷板凳，励志为传承"，与同行共勉。

作　者

2023 年 6 月

目录▶
Contents

第1章　绪　　论

源于传统铁谱（Ferrography）分析的智能化磨粒图像分析及监测技术是以润滑油中磨粒为信息载体，通过将摩擦学与信息学交叉知识融入磨粒的图像获取、类型辨识、状态评判等技术环节，达到装备失效预警与故障溯源的一门综合运维技术。实践证明：以图像为信息载体的磨粒分析是唯一能够实现磨损机理辨识与磨损状态演变分析的技术途径，而融合摩擦学与信息学的智能化磨粒图像分析方法将拓展传统铁谱分析技术应用的深度和广度，成为装备智能运维技术体系不可或缺的重要组成部分。

1.1　磨粒图像监测技术概述

高端装备智能运维是"中国制造 2025"国家战略中的新命题，也是传统机械状态监测与故障诊断学科发展的新布局[1]。健康监测（Health Monitoring，HM）已经成为高端装备高性能的必要属性特征，这就要求传统的故障诊断技术向健康状态端延伸，形成全寿命性能退化信息的数字化表征与评价。在此背景下，机器智能运维的健康监测需涵盖全寿命、全信息、全方位的组成要素，而关键部件早期摩擦学性能退化的监测盲区无疑已经成为发展的瓶颈。

以轴承、齿轮副为代表的关键摩擦学基础部件是机器性能退化的敏感点，其失效过程往往经历摩擦学和动力学两个阶段的性能劣化。经典动力学分析与信号处理的融合方法为动力学类故障诊断建立了坚固的技术保障，而对早期润滑失效导致的摩擦磨损行为并不敏感。从润滑失效到表界面的磨损状态演变长期处于机器状态监测的"盲区"。自从 20 世纪 50 年代英国 Foxbro 公司研制出第一台铁谱仪，基于磨粒分析的油液分析技术以"机器验血"方式为磨损失效诊断提供了有效途径。磨粒分析（Wear Debris Analysis，WDA）技术相较于振动、声发射等状态监测技术不仅可以从宏观上表征设备的磨损状态，也从机理层面上反映了全寿命尺度的磨损性能衰变规律。从摩擦学公理[2]亦可以推得，只有从系统观点角度分析其时变机理才能真正揭示摩擦副性能衰变规律，因此磨粒分析在诸多状态监测与故障诊断技术中占据了独特的一席之地。

磨粒作为摩擦副磨损的直接产物，以复杂的形貌特征保留了其产生的机理信息，因此是磨损机理分析，尤其是磨损失效形式的重要依据[3]。近年来，无论是科学研究还是技术应用都表明[4,5]；磨粒分析技术已经成为油液监测领域的研究热点和技术高地。鉴于磨粒监测技术及产品呈百花齐放状态，表 1-1 仅选择性地列出了各类主要磨粒分析方法的物理原理及技术优势[6,7]，主要涉及磁感应、电感、图像等原理与方法。从对磨粒特征参数的可辨识性角度观察，基于磁感应、电感等原理的方法大多以一维波形信号方式提供磨粒参数，包括浓度、尺寸、材料等，很大程度上关注数量的变化规律；光谱分析则以元素作为输出，精确给出颗粒元素浓度，从而推断零部件磨损程度；基于图像的方法除了提供数量指标，还可以获取形状、形貌和颜色等形态学特征。近50年的铁谱分析技术应用表明：基于磨粒形态的图像分析是磨损机理判断的重要依据。

表 1-1　不同原理的磨粒分析方法对比[6,7]

特征参数	磁感应	电感	光谱分析	超声测量	图像分析
浓度	√	√	√	√	√
尺寸	√	×	×	√	√
形状	√	×	×	×	√*
材料	×	×	√	×	√
形态	×	×	×	×	√
颜色	×	×	×	×	√

注：√表示可以实现，√*表示部分实现，×表示无法实现。

随着面向视情维护的健康监测需求逐渐迫切，磨粒图像分析方法开始从人工依赖方式逐步向智能分析方式转变，尤其是随着新一代人工智能技术发展，深度学习等算法恰恰在磨粒图像分析中直击要害，突破人工辨识瓶颈的同时可以提供更高层次的辨识信息与精确结论，当然这也对传统的磨粒分析提出了大样本、快响应的新挑战。

1.2　磨粒图像监测技术

磨粒可视为机械装备实时磨损状态的信息载体，磨粒分析即为这些记录信息的复现过程：获取油液携带的磨粒图像信息，提取图像特征构建全方位的失效磨粒描述体系，通过类型辨识建立失效磨粒与磨损机理分析的桥梁，利用磨粒图像监测大数据反演摩擦副运行状态。四个环节密不可分，磨粒信息逐级传递，从而实现摩擦副磨损机理判别与磨损状态评估。为此，本节以典型失效磨粒描述为基础，以磨粒图像获取、特征提取、类型辨识、磨损状态分析为主线，介绍工程摩擦学中磨粒图像分析技术的内涵。

1.2.1　磨粒图像获取

磨粒具有复杂、随机形貌的三维不规则实体，与磁感应、电感以及光谱为信息变量的传感技术相比，磨粒图像传感技术以光学成像为核心，采用可视化形式直观展现磨粒形貌信息，既能给出磨粒的"量变"信息，也可揭示磨损演变的"质变"，因此高质量的磨粒图像获取是磨粒分析技术的基石。但是需要指出的是，传统铁谱分析中并没有磨粒图像传感器的概念，更多的是强调光源的使用、流道的设计以及判别经验等。对于智能化的磨粒分析则需要从传感器角度入手，不但要设计小型化视觉传感器，甚至还要包括流道设计等要素。

根据成像维度不同，磨粒图像传感可以分为二维与三维两类。如图 1-1 所示，二维图像传感采用光学显微镜获取磨粒二维彩色/灰度图像，用于反映磨粒浓度、形状、纹理等信息；三维图像传感则是利用立体显微镜精细重建磨粒表面形貌，用于揭示磨粒的产生机理[8]。

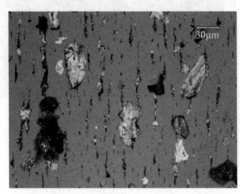

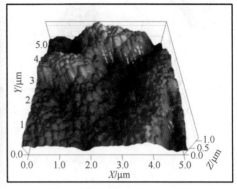

a) 磨粒二维图像　　　　　　　　　　　b) 磨粒三维形貌

图 1-1　典型失效磨粒图像

1.2.2　磨粒特征提取

单个磨粒记载了摩擦副某个时间局部磨损的情况，而形态各异的磨粒表明磨损机理具有多样性和随机性，但是一段时间内磨粒的共同特征则反映了摩擦副当前主要的磨损状态，故磨粒分析应包括两类信息：单磨粒特征与磨粒群特征，如图 1-2 所示。以磨粒图像作为信息源，运用图像处理手段能够从"尺寸-形状-纹理-形貌"四属性提取多种指标（包括长轴、面积、颜色、表面粗糙度等），实现单磨粒的全信息描述；在此基础上，通过统计单位时间内的单磨粒信息获得磨粒群特征，涵盖磨粒浓度、磨粒数量、大磨粒占比等，进行设备磨损状态的全面表征。据统计[9]，存在 200 种以上参数可用于表征磨粒形貌信息，因而如何从如此繁多的参数中提炼有效信息成为磨粒特征表征的关键。

1.2.3　磨粒类型辨识

磨粒类型辨识是实现磨损机理评价的重要依据，也是磨粒分析技术的灵魂。磨粒类型辨识取决于多维度磨粒特征信息，但磨损过程的强随机性导致磨粒本身的特征波动范围极大。为系统分析机械装备的磨损状态，研究人员根据磨粒形态与摩擦副运行状态关系定义了五种典型失效磨粒，包括正常磨粒、球状磨粒、切削磨粒、严重滑动磨粒以及疲劳剥落磨粒[10,11]。

如表 1-2 所示，每种磨粒均具有特定的尺寸、形状、形貌特征，而这些形态特征与磨粒所对应摩擦副的运行状态及磨损机理密切相关。经过近 50 年的磨粒分析研究，研究人员们积累了大量关于磨粒分析的知识经验[12,13]。如表 1-2 所示，正常磨粒尺寸较小；球状磨粒和

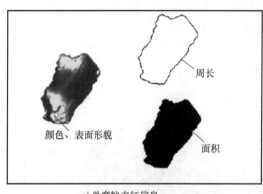

a) 单磨粒表征信息

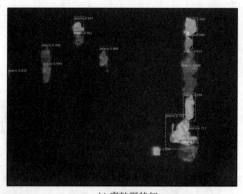

b) 磨粒群特征

图 1-2 基于图像的磨粒特征表征

切削磨粒具有显著的形状特征；疲劳剥落磨粒和严重滑动磨粒虽然形状不规则，但表面形貌特征却各有不同。经过专业训练，分析人员利用这些典型特征能够准确地辨识不同类型的磨粒。但是由于磨粒形态多样性，分析人员需要付出大量的时间积累知识经验，同时需要经过复杂的操作才能针对个别特征磨粒给出判断结论。

表 1-2 磨粒与摩擦副磨损状态间关系描述[12-15]

磨粒类型	磨粒图像	典型特征	形成机理	摩擦副磨损状态
正常磨粒	20μm	薄片，轮廓形状随机，尺寸为 0.5~15μm	摩擦磨损，产生于剪切混合层受损的摩擦部位	数量增加预示着故障发生
球状磨粒	20μm	表面光滑、圆球状磨粒	产生于滚动轴承疲劳、气穴、腐蚀和高温打磨的裂纹之内	预示表面早期点蚀或严重磨损
切削磨粒	20μm	切削状，呈现细长弯曲状	坚硬锐边划过或者坚硬磨粒嵌入零件软层表面后，摩擦产生	严重的切削磨损即将发生
严重滑动磨粒	20μm	表面带有明显平行滑痕或开裂迹象，轮廓不规则	表面负载和运动速度过大，产生高剪切应力，导致局部粘着	油膜破坏，导致严重滑动磨损

第 1 章
绪　论

（续）

磨粒类型	磨粒图像	典型特征	形成机理	摩擦副磨损状态
疲劳剥落磨粒	20μm	薄块状，表面光滑带有麻点、凹坑，轮廓不规则	摩擦副表面疲劳微裂纹贯通，材料剥落而成	预示着重载和超速运行

　　显然，传统铁谱分析无法满足机械装备磨损状态智能监测的需求，尤其是随着人工智能算法在图像处理领域的快速发展，传统的铁谱分析技术正在被推向自动化、智能化发展方向。最初，以磨粒多维特征表征为基础，研究人员结合神经网络、D-S证据理论、支持向量机等算法建立了基于特征的磨粒类型辨识模型，初步实现了正常、切削和球状等磨粒类型的有效识别。此类辨识模型提高了磨粒识别的自动化程度，但是特征参数种类繁多，不可避免地存在冗余信息，反而降低了形态学相似磨粒的识别准确率。随着深度学习在磨粒分析领域的引入，特别是卷积神经网络（Convolutional Neural Network，CNN）使得磨粒图像辨识逐渐趋向于无参数化方向发展，但是磨粒样本匮乏、形态相似极大地降低了此类模型在工业应用中的泛化能力。无疑，信息技术的深度融入必将为磨粒分析掀起新的技术浪潮。

1.2.4　磨损状态分析

　　与润滑状态有Sribeck曲线参考不同，一个摩擦副的磨损状态没有可以量化的参考依据，故不得不借助于描述机器一般磨损率变化规律的"浴盆曲线"。总之，作为一种状态描述，工程师需要知道机器的更多磨损状态，而磨粒作为磨损产物自然成为状态描述的信息载体。

　　以磨粒图像为信息源，磨粒分析技术试图从"量"和"质"两个层面提供磨损状态的信息特征。图1-3给出了一个简单的映射关系示例，磨粒数量或浓度可作为磨损速率的判别依据，而磨粒尺寸则可以反映磨损严重程度；磨粒形态特征包括形状和颜色等则可用于判别磨损部位、磨损机理等。通过这些拓扑关系的规则化，磨损状态即可成为可量化描述的参量。

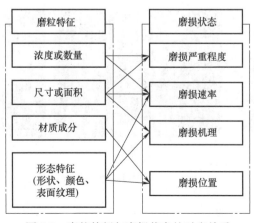

图1-3　磨粒特征与磨损状态的对应关系

考虑到状态往往具有变化趋势属性，故也可以通过趋势分析得到不同状态的定义方法，这样就回避了给状态赋以物理含义的硬着陆难题。在此情况下，仅需对所提取的磨粒特征数据进行趋势分析，并辅以聚类算法即可划分出不同状态。实际操作中通常以磨粒时序监测数据为基础，通过数据清理及趋势分析等算法则可进行机械装备磨损状态监测与故障诊断[16]。

1.3　磨粒图像监测技术的研究与进展

近 20 年来，基于图像的磨粒分析技术在图像获取、信息提取、类型辨识、磨损状态评估等方面均取得了显著进展，但在应用于工程实际时仍存在不可忽视的技术挑战。本节将介绍工程摩擦学中磨粒图像分析技术的研究现状，提炼关键问题及发展趋势。

1.3.1　磨粒图像获取技术

基于图像的分析方法是提取磨粒颜色、形状、形貌等综合信息的基本保障。根据技术原理不同，市场上现有磨粒图像传感技术主要分为两种：①以磁吸附为代表的图像可视铁谱技术[17]；②基于激光成像的全自动磨粒灰度图像分析仪 LaserNet Fines（简称 LNF）[18]。

1. 图像可视铁谱技术

图像可视铁谱技术自 20 世纪 50 年代开创，以磁场吸附作为磨粒从润滑油分离手段，采用可视方式实现了磨粒形状、表面形貌的多维信息获取，是目前工业领域中综合评价设备磨损状态的重要监测技术。如图 1-4a 所示，图像可视铁谱技术的硬件主要包括铁谱仪和金相显微镜，其基本原理是通过铁谱仪中高梯度磁场将磨粒吸附在谱片，再利用金相显微镜进行成像观察。根据光源类型不同，可分为透射光图像和反射光图像（见图 1-4b 和 c）。其中，透射光图像提供磨粒浓度、数量及粒度分布，用于反映设备的磨损趋势及严重程度；反射光图像则注重提取磨粒表面信息，如颜色、纹理等特征[19]。受益于金相显微镜的高分辨率，图像可视铁谱技术能够实现单磨粒的精准分析，推断磨损发生部位及磨损机理。目前，图像可视铁谱技术已建立了非常成熟的知识系统，日益完善与体系化，在工业领域如船舶、航空发动机、风力齿轮箱中得到广泛的应用[20-22]。

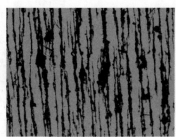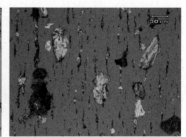

a) 分析式铁谱系统　　　　　　　　b) 透射光磨粒图像　　　　　　　　c) 反射光磨粒图像

图 1-4　图像可视铁谱技术

图像可视铁谱技术基于平面图像分析磨粒的形态特征，属于二维磨粒分析领域，难以准确表征疲劳剥落和严重滑动等强不规则磨粒的复杂表面。为提高图像可视铁谱技术的准确性，三维显微技术特别是激光共聚焦扫描技术被用于取代传统的金相显微镜，成功获取了磨粒表面的三维形貌，提升了磨粒类型辨识的精度[8]。但是，此类仪器操作繁琐、价格高昂，难以推广应用。

2. LNF 技术

美国洛克希德·马丁公司和美国海军研究实验室联合开发 LNF 技术[18]，引领了航空领域磨粒图像快速分析技术的新方向。该项技术硬件主要包括：样品池、高功率红外激光源和高速电荷耦合器件（Charge Coupled Device，CCD）相机。其核心工作原理是：当油样穿过样品池时，采用脉冲激光照射样品池，将信号经过 4 倍放大后投影到高分辨率的 CCD 相机上，并利用高速照相机对磨粒的几何形貌成像，如图 1-5 所示。这项技术可以提取磨粒的形状特征（轮廓）、数量和尺寸特征，并采用人工神经网络技术实现磨粒智能分类。需要注意的是，LNF 技术将传统铁谱分析提升到了智能分析层面，但是只利用了磨粒图像的轮廓信息，而忽略了更加丰富的表面纹理等信息，而恰恰后者是铁谱分析技术的精华。

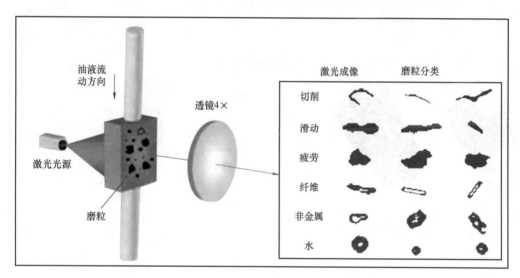

图 1-5　LNF 技术原理及不同类型的磨粒图像[18]

可以看出，铁谱技术与 LNF 技术因成像时磨粒均处于静止状态，可以统称为静态磨粒图像传感技术。两者相比，图像可视铁谱技术借助高分辨率的铁谱显微镜可提取更丰富的磨粒表面形貌、颜色特征，为机械装备磨损状态的综合分析和故障诊断提供更加全面的支撑信息。然而，此类静态磨粒图像传感技术均存在一个原理性难题：仅能分析磨粒单侧表面信息，无法探究背向显微镜一侧的磨粒表面，而磨粒成像表面的不确定性易导致包含表征典型磨损机理的磨粒表面形貌丢失，不可避免地造成磨粒表征信息缺失。

1.3.2　图像驱动的磨粒特征表征

磨粒特征表征是磨粒自动辨识和磨损状态分析的基础，其准确性、全面性直接决定了分析算法的精度。以特征维度为线索，磨粒数字图像分析技术发展先后经历了二维平面特征和三维空间特征两个阶段，围绕各阶段的技术特征叙述如下。

1. 磨粒二维特征提取

虽然磨粒平面图像的采集方法不同，但为获取特征信息所采用的图像处理方法基本一致，而且磨粒特征包括尺寸、形状、形貌、材质和颜色等特征的获取方法亦可相互借鉴。

（1）尺寸与形状特征

磨粒的尺寸和形状是从显微图像中提取的重要基本特征，是识别正常磨粒、切削磨粒和球状磨粒的主要依据。ASTM 国际标准 F1877-2005[23]对磨粒的尺寸和形状参数有着完整的定义。实际应用中，通常利用像素扫描法、边缘检测法和链码追踪法等[24,25]标记磨粒轮廓，提取面积、周长等特征，并构造长径比和圆度等典型形状参数。在此基础上，研究人员通过图像变换将磨粒轮廓构造为更高层次的形状特征。例如通过统计分析磨粒边界与其所占区域，构造了具有不变性的矩参数、傅里叶参数以及结构特征[26]；利用微分方法提取磨粒边界的径向凹偏差（Radial Concave Deviation，RCD），并通过 RCD 推导出用于定量分析磨粒形状的 RDA、RCAD 等特征参数[27]，如图 1-6 所示。上述方法从不同层次实现了磨粒轮廓的全方位描述，其所提取的特征参数能够表征具有明显形状差异的典型磨粒，但难以描述形态学相似的失效磨粒，如严重滑动磨粒与疲劳剥落磨粒。

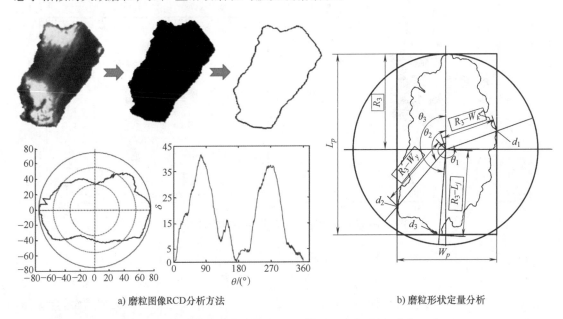

a) 磨粒图像RCD分析方法　　　　b) 磨粒形状定量分析

图 1-6　基于微分方法的磨粒边界 RCD 参数提取[27]

（2）表面形貌特征

磨粒的表面纹理及粗糙度等形貌特征是磨损机理分析的重要依据。然而，对于微米级磨粒的形貌分析，需要依托于高放大倍数和高分辨率的磨粒图像。因此，现有的大多数磨粒形貌特征提取方法均是以铁谱图像为基础，通过应用快速小波变换或增强方差取向变换（Augmented Variance Orientation Transform，AVOT）方法，提取了方差、均值、能量、分形维数等纹理参数以反映磨粒表面的微小变化。为更精准描述磨粒典型纹理特征，研究人员[28]基于 Canny 检测器获取初始纹理种子图像，利用优化的随机霍夫变换提取磨粒图像中视觉显著的线或圆等纹理基元，如图 1-7 所示，通过统计纹理基元特征确定磨粒类型。上述方法提取了大量数字化的磨粒纹理参数，但是基于二维图像的纹理参数仅能表征磨粒表面颜色变化，无法反映磨粒的真实表面形貌，其数值容易受到光照、成像设备、操作员等诸多因素的影响。

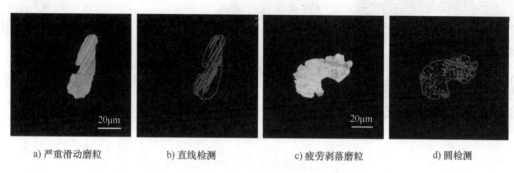

a) 严重滑动磨粒　　　　b) 直线检测　　　　c) 疲劳剥落磨粒　　　　d) 圆检测

图 1-7　基于随机霍夫变换的磨粒表面纹理基元检测[28]

（3）材质和颜色特征

磨粒材质是磨损部位判别的重要依据。借助红外光谱能量扫描可判别不同材料的组成成分，但其复杂的操作系统不适用于磨粒图像分析。现有的磨粒材质成分分析通过材料特有的颜色属性可进行判别，例如以铁谱图像为对象，通过特征磨粒彩色分割与颜色空间转换提取磨粒颜色的 H、S 和 I 分量，实现了铁、铝和铜磨粒的统计分析[29]。此外，铁系金属经过氧化等化学反应形成的氧化产物也会展现不同的颜色特征。因此，基于颜色特征的氧化物识别可有效应用于设备的氧化磨损监测[30,31]。

由上述分析可知，针对二维平面图像的磨粒特征提取已经形成较为完善的技术体系，为磨粒类型识别和磨损机理评估等深层次分析提供基础保障。然而，对于不规则形状的三维磨粒，信息维度低仍是二维图像分析不可逾越的壁垒。

2. 磨粒三维空间特征提取

显然，仅依靠单一帧光学显微图像无法获取磨粒表面的高度信息。多聚焦显微成像设备与图像立体重建技术的发展，使得磨粒三维表面信息的提取成为可能。

（1）基于三维成像的磨粒三维表面特征提取

磨粒的三维形貌信息随着三维立体成像技术的发展成为新的热点。研究人员利用扫描电子显微镜（Scanning Electron Microscope，SEM）、原子力显微镜（Atomic Force Microscope，AFM）、激光扫描共聚焦显微镜（Laser Scanning Confocal Microscope，LSCM）等各类高分辨率立体成像设备[32-35]获取磨粒三维形貌，如图 1-8 所示。以 LSCM 为例，利用高分辨率激光束获取微型颗粒的每一个表面点，在焦距不变的前提下对磨粒层层扫描，形成具有清晰边缘信息的磨粒三维形貌。在此基础上，应用分形理论和小波变换可提取磨粒的表面粗糙度、波纹度等三维特征，甚至通过 ISO/FDIS 25178-2-2010 中功能、空间等参数可对磨粒三维表面进行体系化的描述[34]。此类三维扫描设备的应用将磨粒分析技术推向精准分析的新高度，但是这些设备工作环境要求苛刻，如 SEM 拍摄的样本需要经过真空清洗；AFM 对工作环境要求高，易受外界干扰而导致检测误差等。此外，三维扫描设备价格昂贵，是铁谱显微镜价格的数十倍。这些因素的共同作用使得三维成像设备的应用范围受到极大限制。

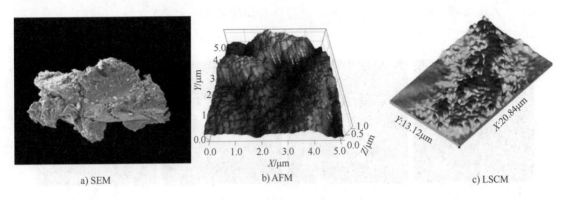

a) SEM　　　　　　　b) AFM　　　　　　　c) LSCM

图 1-8　三维成像设备采集的磨粒表面形貌

（2）基于图像立体重建的磨粒三维表面特征提取

随着图像处理领域中三维重构算法的日渐成熟，研究人员开始将此类方法应用于磨粒分析技术。例如基于双目视觉的磨粒图像采集方法[36]以铁谱显微镜与旋转平台为基础，利用深度感知原理从两个视角图像中重建了磨粒表面形貌；基于聚焦评价的磨粒表面重建方法[37]借助光学显微镜聚焦范围有限的特点，利用 Laplace 算子或布尔代数运算整合了显微镜不同焦平面的磨粒图像，结合高度特征从全景深图恢复了磨粒的表面形貌（见图 1-9）。然而，上述方法的实现依赖于磨粒多次离散成像，对显微成像平台的精度要求高，且磨粒表面重建过程繁琐。由此可见，图像立体重建虽然将铁谱分析由二维扩展至三维层面，但是重建算法的实用性与精准度有待提高。

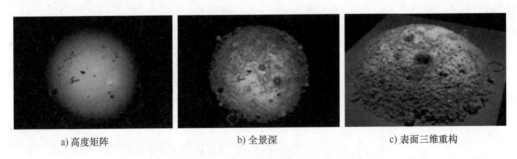

a) 高度矩阵　　　　　　b) 全景深　　　　　　c) 表面三维重构

图 1-9　基于形态学算子重构的磨粒三维表面[38]

综上可知，磨粒的形态、形貌是其类型辨识与磨损状态分析的依据。三维扫描设备以及图像立体重建的应用提高了静态磨粒单侧形貌获取的精准度，但是这些方法还存在如下缺陷：设备昂贵、重构精度低、三维结构不完整等。由此可见，现有静态磨粒表面分析方法已经不能满足新时代下磨粒多视角、全形貌分析的全新需求，形态学相似磨粒的表面形貌获取仍具有很大的研究空间。

1.3.3　典型磨粒类型辨识

　　失效磨粒辨识建立了磨粒分析向磨损机理过渡的桥梁。在此共识下,基于磨粒特征的类型辨识模型,诸如 D-S 证据理论、支持向量机等[14,39],逐步从学术喧嚣走向技术体系。深度学习算法的发展则推动着磨粒类型辨识向无参数化方向前进,进一步提升了磨粒分析的智能化程度。

1. 基于二维特征参数的辨识方法

　　失效磨粒的出现通常被认为是机械装备摩擦副异常磨损的征兆,而平面图像分析为磨粒类型辨识提供了数字化二维参数。研究人员结合圆形度、细长度、散射度和凹度等形状参量建立磨粒表征空间,利用 D-S 证据理论、分类回归树、神经网络、支持向量机等构建磨粒类型辨识模型[40-42],实现了正常、非正常、细长状和球状等具有典型形状磨粒的辨识。上述方法因以磨粒形状特征为基础建立分类器,无法有效识别严重滑动与疲劳剥落等形态学相似的失效磨粒。为此,研究人员将磨粒颜色、纹理特征与形状特征融合,建立了新的磨粒类型辨识模型,例如通过融合方向梯度直方图(Histogram of Oriented Gradient,HOG)特征和 Tamura 纹理特征构建极限学习机(Extreme Learning Machine,ELM)模型[43];结合二叉树法和一对多法构造了具有参数自适应能力的模糊支持向量机辨识模型[44],以实现严重滑动和疲劳剥落此类相似磨粒的类型辨识。然而,磨粒二维表征信息缺陷导致上述模型在实际工业应用时辨识准确率普遍偏低。鉴于此,西安交通大学研究人员以磨粒"尺寸-形状-纹理"二维信息表征为基础,联合专家经验与 BP(反向传播)神经网络模型建立了交互式磨粒辨识的新模式,并且研发了交互式典型磨粒分析系统,如图 1-10 所示,实现了正常、切削、严重滑动以及疲劳剥落等磨粒的分类,初步形成了典型失效磨粒样本库。

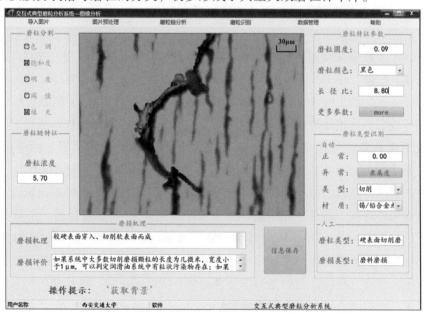

图 1-10　交互式典型磨粒分析系统

　　总之，上述方法均以铁谱图像的特征参数建立表征空间，通过训练分类器学习不同磨粒类别的差异，以达到失效磨粒辨识的目的。但是，铁谱图像仅能表征磨粒表面的颜色信息，而并非疲劳剥落和严重滑动等形态学相似磨粒的本质特征[8]，并且其图像像素值易受摩擦副材质、操作人员以及磨粒表面氧化程度的影响，导致上述分类模型仅能够辨识具有特定形状或颜色特征的磨粒，应用范围受限。

2. 基于三维特征参数的辨识方法

　　鉴于上述二维分析模型判别形态学相似磨粒的局限性，研究人员开展了基于三维特征的磨粒辨识方法研究。例如：以磨粒厚度和表面粗糙度等三维特征为基础，融合模糊灰度理论、专家系统、线性支持向量机等模型准确地辨识了正常、球状、切削、严重滑动以及疲劳剥落等磨粒[8,33,45]；通过磨粒三维特征计算未分类磨粒的巴德利距离，利用 K 近邻分类器建立了典型失效磨粒辨识模型[46]。显然，磨粒表面形貌特征与智能分类算法的融合提高了磨粒类型的辨识精度，但这些技术成果高度依赖于磨粒的精细特征和研究人员的经验知识。然而，各类研究提出了用于表征磨粒三维表面的各类参数超 200 种[9]，繁多的参数不可避免地引入冗余信息，难以形成有效的特征空间，反而降低了失效磨粒的识别准确率。

3. 无参数磨粒辨识方法

　　随着计算机硬件性能的不断提升以及深度学习等人工智能技术的快速发展，磨粒分析技术朝着"特征自动提取"与"类型智能辨识"方向前进。此类无参数辨识模型率先应用于二维铁谱图像分析，通过卷积神经网络（Convolutional Neural Network，CNN）架构建立磨粒类型的无特征参数辨识模型，如深圳大学研究人员[47,48]以支持向量机为分类器建立了 CNN 模型，实现了切削、球状、疲劳剥落和严重滑动磨粒的无参数辨识，识别准确率高达 95.15%；浙江大学研究人员[49]采用 Inception-v3 模型设计了一个三分类器，用于识别旋转矢量减速器中的疲劳剥落、氧化和球形磨粒，如图 1-11 所示。上述方法均以二维铁谱图像作为输入，通过 CNN 模型实现磨粒类型的无特征参数辨识，提高了典型失效磨粒的分析效率，但这些研究成果仍属于磨粒二维分析的范畴，所构建辨识模型的普适性受限。

　　鉴于此，无参数辨识模型与磨粒三维表面的融合可认为是提高典型失效磨粒辨识精度的有效解决方案。然而，该解决途径却面临着巨大的挑战，即 CNN 模型具有严重的数据依赖性，而实际设备产生的失效磨粒样本数量过少。这种情况会导致 CNN 模型过拟合，具体表现为模型训练效果好而实际应用效果极差。针对此类深度学习中训练样本匮乏的问题，在图像分析领域中现有算法主要通过设计 CNN 模型框架，包括迁移学习、元学习和度量学习[50,51]等，从少量标记样本中学习类别属性信息，实现目标图像分类，如图 1-12 所示。然而，磨粒分析中缺少迁移大样本库与完备的知识学习库，导致此类少样本辨识模型在应用于磨粒辨识时实用性降低。此外，北京航空航天大学研究人员[52]通过旋转、平移等图像变换增加样本数量以满足 CNN 模型训练的需求，但是当原始样本数量较少时，该方法生成图像的变换模式有限，其数据分布与原始样本相同，因而并不能完全解决辨识模型过拟合问题。

　　综上所述，平面二维特征与智能辨识模型的结合实现了正常、球状和切削等形状显著磨粒的精准辨识，而三维表面与无参数智能算法的融合则是提高疲劳剥落与严重滑动等形态学

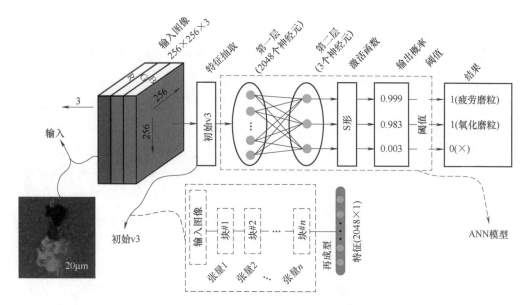

图 1-11　基于 Inception-v3 模型的典型失效磨粒辨识模型[49]

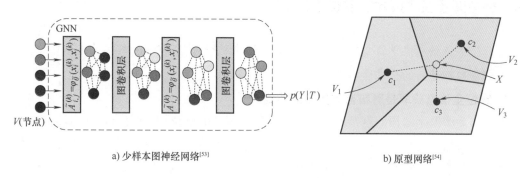

a) 少样本图神经网络[53]　　　　　　　　b) 原型网络[54]

图 1-12　少样本深度学习网络架构

相似磨粒辨识精度的重要途径，其难点在于失效磨粒样本数量少。乏样本、弱区分特征的失效磨粒无参数辨识仍有待进一步研究。

1.3.4　基于磨粒分析的磨损状态评估

磨损状态评估是机械装备可靠运行与拆检策略制定的主要依据，而磨粒群分析是推演磨损机理和健康状态的基石。长期以来，磨粒浓度作为设备磨损表征的主要参量，通过自回归（Autoregressive，AR）模型、灰度预测等模型分析时序演变数据以评估/诊断设备的失效状况。例如空军工程大学研究人员[55]以 AR 模型为基础建立预测方法，通过分析磨粒浓度实现了航空发动机的磨损预测；哈尔滨工业大学研究人员[56]建立了一种基于随机滤波和隐马尔可夫理论的磨损数据分析模型，通过引入 Beta 分布消除了传统时间序列方法中对磨损阈值的依赖。鉴于摩擦学系统的复杂性[2]，更加精确的模型诸如非等间距灰色预测模型、灰色系统理论等[57]被应用于磨损数据分析。通过与 AR 模型进行对比，证明了此类方法在表征磨损状态时具有明显优势，但是在原始序列发生转折或者周期性变化时精度有限，主要局限在预测趋势的判别。

为精准分析磨损状态的阶段演变，研究人员以磨粒浓度为对象，通过添加误差二次方项建立了基于最小二乘支持向量机（Least Squares Support Vector Machines，LS-SVM）的磨损状态辨识模型[58]，实现了磨损数据的回归拟合与状态判别。考虑到摩擦学系统具有时变性的特征[2]，设备在不同的磨损阶段将呈现出不同的数据特点。华东理工大学研究人员[59]将灰色理论与时间序列相结合建立了灰色时间序列组合模型，应用于发动机状态监测；解放军汽车管理学院研究人员[60]将灰色理论与马尔可夫预测模型相结合，应用于柴油机磨损状态分析与预测。

上述方法的应用提高了机械装备磨损状态分析的精准度，但是受到磨粒图像传感技术限制，磨损状态辨识长期依赖于基于磨损率/量的数据分析，只能从"量"而非"质"的角度挖掘磨损信息。由于磨损数据具有极大的工况依赖性、过程随机性特征，此类数据驱动的模型无法反映不同磨损阶段的磨损机理，因而难以给出准确的故障或趋势判断。

1.4 磨粒图像监测技术的发展趋势

综合技术背景与科学研究的趋势来看，工程摩擦学与信息科学的共融技术正在装备磨损状态监测领域构造新的技术通道，具体分析如下：

1. 磨粒全信息获取是磨粒监测技术的新高点

磨粒作为摩擦副磨损的直接产物，以复杂的形貌特征记载了其产生机理，是磨损机理分析和磨损状态监测的重要依据。近百年的离线铁谱分析技术应用证明：磨粒形态的图像分析是实现装备磨损失效在机诊断的终极手段。最新研制的 LNF 技术引领着航空装备磨粒监测技术的智能化趋势。然而磨粒先天具有三维强不规则性特征，现有磨粒监测技术完全依赖二维图像参数辨识，极大地限制了真实三维磨粒信息的重构，制约了磨粒类型识别精准度。我国虽然较早引入了铁谱分析，但是研究与技术应用全面滞后，导致在智能磨粒分析新技术方面已无法满足新时代磨损分析需求。综上，亟需研发具有自主知识产权的磨粒图像监测技术，抢占三维磨粒智能化技术制高点。

2. 磨粒类型智能辨识是磨损机理在机分析的新趋势

磨损机理是摩擦副表面损伤的形成和诱导机制，而磨粒分析是唯一可实现动态机理反演的技术。基于二维磨粒特征的类型辨识方法，诸如神经网络、D-S 证据理论、支持向量机等，逐步从学术喧嚣趋于技术沉淀。以三维特征为基础的模糊、灰色理论方法已经应用于典型磨粒类型识别，但高度依赖于磨粒图像高精细特征获取和先验知识积累。深度学习方法源于图像信息技术的发展前沿，对磨粒图像辨识具有得天独厚的优势，但由于工程实际中特征磨粒样本极度匮乏，限制了形态学相似磨粒的辨识精度和网络结构的可迁移性。因此，知识引导深度学习算法建模成为磨损机理智能化分析的新方向。

3. 机理驱动的状态退化建模是磨损失效诊断的新命题

磨损机理和磨损速率是磨损退化及失效表征的"质"、"量"变量。经典的"浴盆曲线"是采用时序磨损率监测数据给出了磨损状态统计学重构，忽略了磨损机理的作用，因而难以实现故障诊断及溯源。摩擦学公理亦指出，摩擦学系统具有时变性、系统性、耦合性等非线性特征，因而完全数据驱动的状态模型无法实现磨损过程的"形神具备"。本质上，机理作为一种直观的非量化表达，迄今尚未形成其量化表征方法，这也是磨损状态建模的难点。因而，机理和数据联合的"质-量"建模方法是突破磨损状态建模方法的关键难题。

在上述背景下，西安交通大学研究团队立足现有磨粒监测/表征不完备、磨损机理辨识精度低与磨损失效诊断不准确三大难题，提出了采用磨粒图像多维信息特征表征磨损机理，构建磨损状态演变模型的新思路，综合摩擦学与信息科学最新知识，形成工程摩擦学系统磨损状态监测及智能诊断的理论方法及技术基础，解决重大装备智能运维的早期健康监测技术缺位问题。

参 考 文 献

[1] CAO W, DONG G N, XIE Y B, et al. Prediction of wear trend of engines via on-line wear debris monitoring [J]. Tribology International, 2018, 120: 510-519.

[2] 谢友柏. 摩擦学的三个公理 [J]. 摩擦学学报, 2001, 21 (3): 161-166.

[3] FAN B, LI B, FENG S, et al. Modeling and experimental investigations on the relationship between wear debris concentration and wear rate in lubrication systems [J]. Tribology International, 2016, 109: 114-123.

[4] 冯伟, 陈闽杰, 贺石中. 油液在线监测传感器技术 [J]. 润滑与密封, 2012, 37 (1): 99-104.

[5] 李怀俊, 彭育强. 齿轮传动系统故障诊断方法研究综述 [J]. 自动化仪表, 2015, 36 (10): 17-20.

[6] WU T H, WU H K, DU Y, et al. Progress and trend of sensor technology for on-line oil monitoring [J]. Technological Sciences, 2013, 56 (12): 2914-2926.

[7] 郭毅斐, 张晓钟, 孟凡芹. 航空油液在线监测技术综述 [J]. 化工自动化及仪表, 2017, 44 (11): 1013-1018.

[8] PENG Z X, KIRK T B. Computer image analysis of wear particles in three-dimensions for machine condition monitoring [J]. Wear, 1998, 223 (1-2): 157-166.

[9] XU B, WEN G R, ZHANG Z F, et al. Wear particle classification using genetic programming evolved features [J]. Lubrication Science, 2018, 30 (5): 229-246.

[10] 邵涛. 基于 BP 神经网络与深度学习融合的磨粒类型辨识研究 [D]. 西安: 西安交通大学, 2018.

[11] RAADNUI S. Wear particle analysis—utilization of quantitative computer image analysis: a review [J]. Tribology International, 2005, 38 (10): 871-878.

[12] 杨其明. 磨粒分析 [M]. 北京: 中国铁道出版社, 2002.

[13] 温诗铸, 黄平. 摩擦学原理 [M]. 4 版. 北京: 清华大学出版社, 2012.

[14] WANG J Q, WANG X L. A wear particle identification method by combining principal component analysis and grey relational analysis [J]. Wear, 2013, 304 (1-2): 96-102.

[15] WANG S, WU T H, CHENG J, et al. The generation mechanism and morphological characterization of cutting debris based on the finite element method. Proceedings of the Institution of Mechanical Engineers, Part J:

Journal of Engineering Tribology, 2019, 233（1）：205-213.

［16］彭业萍. 基于多视角特征的在线磨粒识别及其在磨损状态分析中的应用研究［D］. 西安：西安交通大学，2017.

［17］WU T H, PENG Y P, DU Y, et al. Dimensional description of on-line wear debris images for wear characterization［J］. Chinese Journal of Mechanical Engineering, 2014, 27（6）：1280-1286.

［18］FJERDINGSTAD S J, REINTJES J F, TUCKER J E, et al. In situ sampling and monitoring a fluid：United States, 2006/0196254A1［P］. 2006-09-07.

［19］TIAN Y, WANG J, PENG Z, et al. A new approach to numerical characterisation of wear particle surfaces in three-dimensions for wear study［J］. Wear, 2012, 282-283：59-68.

［20］ZHANG Y L, MAO J H, XIE Y B. Engine wear monitoring with OLVF［J］. Tribology Transactions, 2011, 54（2）：201-207.

［21］CAO W, CHEN W, DONG G N, et al. Wear condition monitoring and working pattern recognition of piston rings and cylinder liners using on-line visual ferrograph［J］. Tribology Transactions, 2014, 57（4）：690-699.

［22］EBERSBACH S, PENG Z, KESSISSOGLOU N J. The investigation of the condition and faults of a spur gearbox using vibration and wear debris analysis techniques［J］. Wear, 2006, 260（1-2）：16-24.

［23］ASTM International. Standard practice for characterization of particles：F1877-05［S］. Pennsylvania：ASTM, 2010.

［24］郭鑫，刘浩. 使用行扫描法提取图像轮廓［J］. 机械制造与自动化，2012（5）：104-109.

［25］黄长专，王彪. 图像分割方法研究［J］. 计算机技术与发展，2009（6）：76-79.

［26］吴振锋，左洪福，杨忠. 磨损微粒显微形态学特征量化描述体系［J］. 交通运输工程学报，2001（1）：115-119.

［27］YUAN W, CHIN K S, HUA M, et al. Shape classification of wear particles by image boundary analysis using machine learning algorithms［J］. Mechanical Systems and Signal Processing, 2016, 72-73：346-358.

［28］WANG J Q, WANG G L, CHENG L. Texture extraction of wear particles based on improved random hough transform and visual saliency［J］. Engineering Failure Analysis, 2020, 109：104299.

［29］王军群. 基于在线磨粒图像特征的磨损状态表征及分析方法［D］. 西安：西安交通大学，2012.

［30］MYSHKIN N K, KONG H, GRIGORIEV A Y, et al. The use of color in wear debris analysis［J］. Wear, 2001, 251（1-12）：1218-1226.

［31］PENG Y P, WU T H, WANG S, et al. Oxidation wear monitoring based on the color extraction of on-line wear debris［J］. Wear, 2015, 332-333：1151-1157.

［32］STACHOWIAK G W, PODSIADLO P. Towards the development of an automated wear particle classification system［J］. Tribology International, 2006, 39（12）：1615-1623.

［33］STACHOWIAK G P, PODSIADLO P, STACHOWIAK G W. Shape and texture features in the automated classification of adhesive and abrasive wear particles［J］. Tribology Letters, 2006, 24（1）：15-26.

［34］WANG M L, PENG Z X. Investigation of the nano-mechanical properties and surface topographies of wear particles and human knee cartilages［J］. Wear, 2015, 324-325：74-79.

［35］TIAN Y, WANG J, PENG Z X, et al. Numerical analysis of cartilage surfaces for osteoarthritis diagnosis using field and feature parameters［J］. Wear, 2011, 271（9-10）：2370-2378.

［36］于辉. 发动机故障图像的三维测量、视觉重建与识别方法研究［D］. 南京：南京航空航天大学，2002.

［37］何晓昀. 磨粒表面形貌分析与三维重构［D］. 武汉：武汉理工大学，2005.

［38］潘岚，吕植勇，黄成，等. 基于形态学算子的磨粒三维重构模型［J］. 计算机工程与应用，2012，36：220-224.

［39］MEMON Q A，LAGHARI M S. Self organizing analysis platform for wear particle［J］. International Journal of Computer，Electrical，Automation，Control and Information Engineering，2007，1（6）：1773-1776.

［40］顾大强，周利霞，王静. 基于支持向量机的铁谱磨粒模式识别［J］. 中国机械工程，2006，13：1391-1394.

［41］李艳军，左洪福，吴振锋，等. 基于 D-S 证据理论的磨粒识别［J］. 航空动力学报，2003，18（1）：114-118.

［42］李绍成，左洪福，薛林俊，等. 基于显微图像的航空发动机大磨损磨粒检测系统研究［J］. 传感器与微系统，2008，27（1）：49-51.

［43］LI Q，ZHAO T T，ZHANG L C，et al. Ferrography wear particles image recognition based on extreme learning machine［J］. Journal of Electrical and Computer Engineering，2017，2：1-6.

［44］任松，徐雪茹，欧阳汛，等. 基于分层模糊支持向量机的油液磨粒自动识别［J］. 润滑与密封，2019，44（5）：8-15.

［45］PENG Z X，WANG M L. Three dimensional surface characterization of human cartilages at a micron and nanometre scale［J］. Wear，2013，301（1-2）：210-217.

［46］PODSIADLO P，STACHOWIAK G W. Fractal-wavelet based classification of tribological surfaces［J］. Wear，2003，254（11）：1189-1198.

［47］PENG Y P，CAI J H，WU T H，et al. A hybrid convolutional neural network for intelligent wear particle classification［J］. Tribology International，2019，138：166-173.

［48］PENG Y P，CAO J H，WU T H，et al. WP-DRnet：a novel wear particle detection and recognition network for automatic ferrograph image analysis［J］. Tribology International，2020，151：106379.

［49］PENG P，WANG J. Wear particle classification considering particle overlapping［J］. Wear，2019，422-423：119-127.

［50］余游，冯林，王格格，等. 一种基于深度网络的少样本学习方法［J］. 小型微型计算机系统，2019，40（11）：2304-2308.

［51］BLAES S，BURWICK T. Few-shot learning in deep networks through global prototyping［J］. Neural Networks，2017，94：159-172.

［52］LENG B，YU K，QIN JY. Data augmentation for unbalanced face recognition training sets［J］. Neurocomputing，2017：10-14.

［53］GARCIA V，BRUNA J. Few-shot learning with graph neural networks［C］. Proceedings of 6th International Conference on Learning Representations，Vancouver，Canada，2018.

［54］SNELL J，SWERSKY K，ZEMELN R S. Prototypical networks for few-shot learning［C］. Proceedings of the 31st International Conference on Neural Information Processing Systems，Long beach，USA，2017：4077-4087.

［55］HU J H，XIE S S. AR model-based prediction of metal content in lubricating oil［J］. Experimentation and Research on Gas Turbine，2003，16：32-35.

［56］WANG W. A prognosis model for wear prediction based on oil-based monitoring［J］. Journal of the Operational Research Society, 2007, 58（7）: 887-893.

［57］WU Z F, GUO L, ZUO H F. The wear fault prediction model of aero-engine based on the gray system theory ［C］. IEEE International Conference on Grey Systems and Intelligent Services, 2007: 528-532.

［58］李霜，杨晓京，郭志伟. 基于 LS-SVM 的柴油机润滑油中磨粒含量预测［J］. 润滑与密封，2009，34（2）: 46-48.

［59］WANG Q, DAI S H. Engine condition monitoring based on grey AR combination model［C］. International Conference on Challenges in Environmental Science and Computer Engineering, 2010, 1: 215-218.

［60］KOU X Z, ZHANG Q Y. The forecast for the wear trend of the diesel engine based on grey Markov chain model ［C］. Second International Symposium on Computational Intelligence and Design, 2009, 1: 288-291.

第2章　静态磨粒图像传感器设计

铁谱分析技术以图像可视方式获取了磨粒的浓度、尺寸、材质等信息，建立了兼容定性、定量的磨损状态分析技术体系，而在线分析要求成像、分析一体，对传统铁谱技术提出了微型化、自动化的新要求。为此，本章主要介绍一种以磁场吸附为特征的静态磨粒图像传感原理及传感器优化设计方法。

以磨粒"制谱+成像"一体化传感为目标，本章将结合磁场分布等基本理论系统阐述静态磨粒图像传感器的设计过程，主要涵盖传感器励磁结构、显微成像系统、光源布置等基本结构的设计及优化，以及集成化的磨粒图像监测系统；之后将围绕磨粒辨识精度，重点介绍磨粒链的智能分割方法及其应用效果。

2.1　静态磨粒沉积及成像传感技术原理

2.1.1　磁场作用下磨粒沉积特性分析

本节将讨论磨粒在磁场中的受力情况，分析磁场中磨粒的沉降运动，在此基础上介绍磨粒在微流道沉积时的链状分布机理。

1. 磨粒在流道中的沉降运动模型

通常，机械装备摩擦副产生的磨粒属于铁磁性颗粒，可利用磁场从润滑油捕获磨粒。下面将通过介绍磨粒在流、磁场中运动和受力情况来解释捕获磨粒的工作机制。为简化计算，对润滑油及磨粒作出以下四项假设[1]：

1）润滑油视为牛顿流体，且油液黏度和运动规律不受磁场和磨粒运动的影响。

2）磨粒简化成刚性球体。

3）磨粒在磁场作用下未被饱和磁化。

4）忽略作用在磨粒上的布朗力、压力梯度力。

如图2-1所示，磨粒在浮力 F_v、重力 G、黏滞阻力 F_{vs} 和磁场力 $\boldsymbol{F}_m$ 作用下运动，其运动状态存在两种情况：悬浮和沉积。鉴于磁场力 $\boldsymbol{F}_m$ 和黏滞阻力 F_{vs} 远大于浮力 F_v，在分析磨粒运动时重力作用可以忽略[1]。在图2-1中，磨粒受到的黏滞阻力 F_{vs} 在 y、z 方向的分量为 F_{vsy}、F_{vsz}；磨粒受到磁场力 $\boldsymbol{F}_m$ 在 y、z 方向的分量为 F_{my}、F_{mz}。

当磨粒在油液中悬浮时，在 y 轴方向受力与重力 G、黏滞阻力 F_{vs} 和磁场力 $\boldsymbol{F}_m$ 相关。由于采集磨粒时选用的油液流速很低，一般在 $3\sim12\mathrm{mL/min}$，磁极上方磨粒受到向下的磁场作

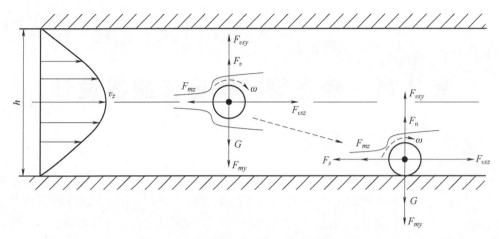

图 2-1 层流态液体中磨粒的运动特性示意图

用力 F_{my} 通常远大于黏滞阻力产生向上的分量 F_{vsy}，所以磨粒在磁场范围内通常由悬浮变换为沉积状态，如图 2-1 所示。随着磨粒沉积到微流道上，其受力状态与悬浮时发生显著不同，其 y 轴和 z 轴方向的受力为

$$\begin{cases} 0 = F_{my} + G - F_n - F_{vsy} \\ m \dfrac{\mathrm{d}\mu_{0z}}{\mathrm{d}t} = F_{vsz} - F_{mz} - F_s \end{cases} \tag{2-1}$$

式中　F_s——磨粒受到流道下表面的摩擦力；

　　　$\boldsymbol{\mu}_{0z}$——磨粒速度在 z 轴方向分量；

　　　F_n——微流道对磨粒的支持力。

通过上述磨粒悬浮和沉积到微流道的受力分析可知，在油液黏度和磨粒质量确定的情况下，选择合适的磁场强度可以确保磨粒沉积在磁场区域。磨粒沉积在微流道上表面时不被冲走的条件为

$$F_{vsz} \leqslant F_{mz} + \mu(G + F_{my}) \tag{2-2}$$

2. 磨粒在流道底面上链状排列机理

根据经典电磁学理论，铁磁性颗粒内部有许多自发磁化而形成的磁畴，在外磁场作用时，各磁畴的磁化强度矢量都转向外磁场方向有序排列，使总磁化强度不为零，直至达到饱和。当磨粒在磁场中被磁化后，因内部分子电流作用具有两个异性磁极。由参考文献［2］可知，两个磨粒在磁场中均可以用一个圆电流模型等效，通过磁感应强度和虚位移原理可建立两者间作用力 F 与磁偶极矩方向夹角 φ 的关联关系，如式（2-3）所示。

$$F = -\frac{3\mu_0}{4\pi r^4}(3\boldsymbol{m}_1 \cdot \boldsymbol{m}_2 \cos^2\varphi - \boldsymbol{m}_1 \cdot \boldsymbol{m}_2) \tag{2-3}$$

式中　$\boldsymbol{m}_1$——第一个磨粒的磁矩；

　　　$\boldsymbol{m}_2$——第二个磨粒的磁矩；

　　　r——两个磨粒的距离矢量。

由式（2-3）推导可知，当 $\varphi \in [0.00°, 54.74°] \cup [125.26°, 180.00°]$ 时，两个磁矩

方向相同的磨粒之间的作用力为吸引力[2]，在其他位置时两个磨粒之间的作用力为排斥力[2]。两个铁磁性磨粒间在引力区和排斥区的具体表现为：当两个磨粒的位置处于引力区时，磨粒会因相互吸引而首尾相接，形成链状分布；当两个磨粒的位置处于斥力区时，磨粒间会互相排斥，不会产生聚集现象。引力区的范围比斥力区高出 55.11%，所以磨粒之间相互吸引的概率要高于相斥的概率。

图 2-2 展示了磨粒在磁场力作用下形成磨粒链的过程。磨粒 1 进入磁场并在沉积过程中被磁化，由于改变了整个磁场的分布特性，使得磨粒 2 进入之后极大可能与磨粒 1 粘接在一起，沿着磁力线的方向排布。同样地，磨粒 3 会排在磨粒 2 之后，这样就形成了一条磨粒链。可以发现，第一个沉积在磁场内的磨粒是磨粒链生长的起点，即磨粒链的沉积位置是由第一个沉积磨粒的位置所决定的。由此可知，磨粒链是采用磁场作为捕获磨粒原理的基本特征。

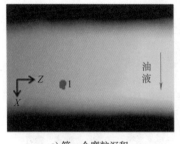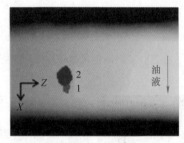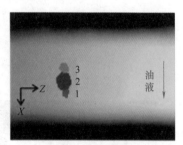

a) 第一个磨粒沉积　　　　　　　b) 第二个磨粒沉积　　　　　　　c) 第三个磨粒沉积

图 2-2　磨粒成链形成过程示意图

2.1.2　静态磨粒图像传感器简介

静态磨粒图像传感器自 20 世纪 70 年代由西安交通大学研究团队开始研制，历经数十年迭代优化，其结构原理如图 2-3 所示[3-5]，主要包含励磁装置、流道、显微成像系统、光源等部件，其中，励磁装置由铁心、线圈及磁极组成；显微成像系统由 CMOS 摄像头、镜头、调节套筒组成；光源包含透射灯、反射灯两类。

静态磨粒图像传感器基本工作原理[2]为：利用励磁装置在磁极间隙处产生高梯度磁场，润滑油携带的铁磁性磨粒在磁场作用下有规律地排列在微流道上，通过显微成像系统捕获磨粒图像。通过切换不同位置光源，静态磨粒图像传感器可以捕获视场范围内的反射光图像、透射光图像，如图 2-4 所示。透射光图像可提供磨粒覆盖面积指数（Index of Particle Coverage Area，IPCA）及粒度分布等特征，用于反映设备磨损趋势和严重程度[7]；反射光图像可用于提供磨粒表面信息，如颜色、纹理等，用于判断磨损发生部位和磨损机理。

然而，受限于磨粒复杂形貌以及传感器结构，静态磨粒成像传感器在应用时存在磨粒可控沉积性差、放大倍率不足等问题，难以在视场范围内有效捕获磨粒，致使磨粒成像质量差。此外，磨粒成链严重限制了单磨粒特征的提取，进一步降低了设备磨损状态表征的有效性。

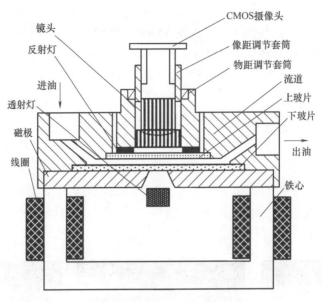

图 2-3　静态磨粒图像传感器结构原理示意图[6]

a) 透射光图像　　　　　　　　　　　　　　b) 反射光图像

图 2-4　静态磨粒图像传感器采集图像

2.2　静态磨粒图像传感器优化设计

　　针对静态磨粒成像质量低的难题，本节将围绕励磁结构、显微成像系统、光源布置等方面介绍静态磨粒图像传感器的优化设计方法，以获取清晰、有效的磨粒图像。

2.2.1　静态磨粒图像传感器励磁结构设计

1. 励磁线圈设计

线圈作为励磁装置的重要组成部分，其功能是在可控工作温度范围内产生磨粒沉积所需的磁势。线圈设计的主要考虑因素是工作温度和磁势。静态磨粒图像传感器采用的是载流线圈[8]，其产生磁场原理如图 2-5 所示。磁性材料的铁心在通电线圈的作用下产生磁场，并且在励磁装置的闭合回路中磁性材料的磁阻远小于空气磁阻。根据磁势分布原理，在励磁间隙处会产生极高的磁势。

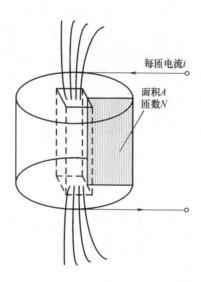

图 2-5 载流线圈产生磁场原理

下面将根据温升及发热量计算线圈匝数 N 和线芯直径，其设计基本约束条件包括：磁势 $F=1200$ 安·匝，供电电压 $U=24\text{V}$。根据牛顿热计算公式[9]得到励磁装置线圈的温升公式为

$$\tau = \frac{I^2 R}{K_T A} \tag{2-4}$$

式中　I——线圈电流；

　　　R——线圈电阻；

　　　K_T——线圈综合散热系数；

　　　A——散热面积。

$$A = 4\left[(c+2\Delta)h_c + (c\Delta+\Delta^2) \right] \tag{2-5}$$

式中　c——线圈内径；

　　　Δ——线圈厚度；

　　　h_c——线圈高度。

励磁磁势计算公式为

$$F = NI \tag{2-6}$$

励磁线圈正常工作下的温升 τ 取 60℃。查阅国家标准漆包线规格，选取线芯 $d_0 = 0.29\text{mm}$。综合式（2-4）~式（2-6）可确定线圈的匝数、电流和厚度。根据式（2-7）有

$$P = \frac{16\rho NI^2 (c+\Delta)}{\pi d^2} \tag{2-7}$$

计算得到单个励磁线圈的功耗 P 计算为 5W。

为分析励磁线圈产生磁场的稳定性，采用二维静态磁场分析建立静态磨粒图像传感器励磁装置的数学模型，并运用有限元仿真分析励磁装置产生的磁场强度分布情况，如图 2-6 和图 2-7 所示。可以看出，静态磨粒图像传感器的励磁装置在磁极间隙处的磁感线呈梯度排布，并且产生的高梯度磁场最大磁势能达到约 0.89T，其他位置磁场几乎为零，排除了 z 轴上方非气隙处磁场对磨粒沉积产生的影响。

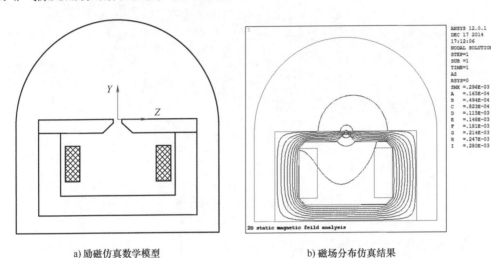

a) 励磁仿真数学模型　　　　　　　b) 磁场分布仿真结果

图 2-6　静态磨粒图像传感器磁场仿真分析

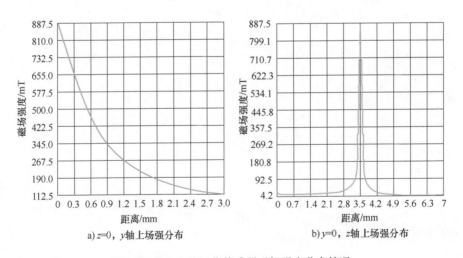

a) $z=0$，y 轴上场强分布　　　　　b) $y=0$，z 轴上场强分布

图 2-7　静态磨粒图像传感器磁场强度分布情况

2. 磁极结构设计

磨粒沉积于磁极的空气缝隙上方，而磁极结构决定着磁场的分布和强弱，直接影响了磨

粒在视场范围内的沉积位置。如图 2-8 所示，磁极结构的主要参数包括磁极长度 l、磁极厚度 h、工作气隙高度 a 和楔形角长度 b。根据磁力公式可知[10]，磁场分布与磁极结构密切相关，不同的结构参数对应不同的磁场分布。为实现磨粒有效沉积，本节介绍一种结合有限元分析的磁极结构优化方法[11]。

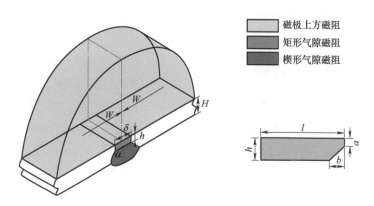

图 2-8 两磁极之间磁阻分布的纵向截面示意图

由 2.1 节可知，通过分析第一个进入磁场的单个磨粒沉积位置，就可以据此判断整个磨粒链分布的位置。为使得磨粒成链分布在镜头视场之内，应该尽可能地使第一个磨粒沉积在理想区域内，如图 2-9 所示。这样，磨粒链整体就可以分布在观察区域内，由此获取的磨粒图像才具有表征设备磨损程度的作用。

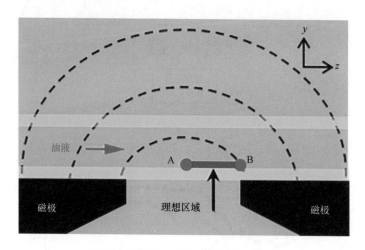

图 2-9 磨粒在 yz 平面的分析点位置图

参照图 2-9，为使得磨粒沉积在理想区域内，也就是使得磨粒在点 A 和点 B 处所受拖曳力的差值最大，可以表述为如下形式：

$$\max\{Q_2 - Q_1\} \equiv \max\{F_{f2} - F_{f1} + F_{mx2}\} = \max\{\mu_f(F_{my2} - F_{my1}) + F_{mx2}\} \tag{2-8}$$

式中　　μ_f——摩擦系数；

　　　　F_{f1}——磨粒在点 A 所受摩擦力；

F_{f2}——磨粒在点 B 所受摩擦力；

F_{mx2}——磨粒在点 B 所受磁力在 x 方向的分量；

F_{my2}——磨粒在点 B 所受磁力在 y 方向的分量；

F_{my1}——磨粒在点 A 所受磁力在 y 方向的分量。

由此，得到了磁极结构优化问题的目标函数 $\mathcal{F}$ 为

$$\mathcal{F} = \mu_f (F_{my2} - F_{my1}) + F_{mx2} \tag{2-9}$$

在式（2-9）中，目标函数涉及磁力大小的计算，解析计算较困难。针对此问题，文献 [11] 提出了融合遗传算法与有限元结合的磁极结构优化方法。首先，以磁极结构参数作为变量，基于 ANSYS 有限元仿真软件建立励磁装置的二维有限元模型，求解磁场力；其次，基于精英保留策略遗传算法建立磁力结构优化方法，利用遗传算法调控磁极结构参数在一定范围内变化，同时调用 ANSYS 计算特定位置的磨粒所受到的磁力值；最后将这些值返回遗传算法对适应度进行分析，若符合收敛准则，则优化结束；反之，继续进行进化搜索，重复以上过程[12,13]，直到符合终止准则。优化的基本流程如图 2-10 所示。

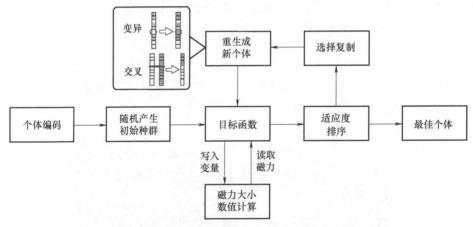

图 2-10　融合遗传算法与有限元结合进行磁极结构优化的流程框图

根据该流程图所述步骤，每一代最优适应度的变化曲线如图 2-11 所示。与传统方

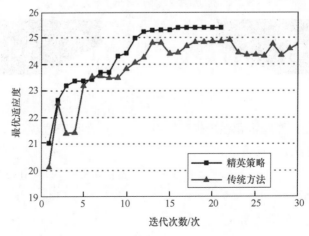

图 2-11　每一代最优适应度的变化曲线图

法相比，基于精英保留策略的遗传算法在迭代到第 22 代时，适应度满足迭代终止条件，即相邻五代最佳适应度增量小于 0.001。根据该流程图所述步骤，可确定磁极结构的主要参数。

2.2.2　基于 ZEMAX 的显微成像系统设计

2.2.2.1　静态磨粒图像传感器成像问题分析

待实现磨粒的有效沉积后，静态磨粒图像传感器中位于流道上、下方的透射光源和反射光源分别开启，并利用成像系统分别拍摄沉积磨粒的透射光图像和反射光图像，如图 2-12 所示。图 2-12a 中黑色链状区域是透射光照下磨粒链图像，图 2-12b 中彩色或者白色区域为对应磨粒链的反射光图像。然而，通过直观观察可以发现，静态磨粒图像传感器的光学成像误差导致磨粒图像中间清晰、四周模糊，影响了磨粒分析的效果。为此，需要对显微成像系统进行分析与优化，获取更加高质量的磨粒图像。

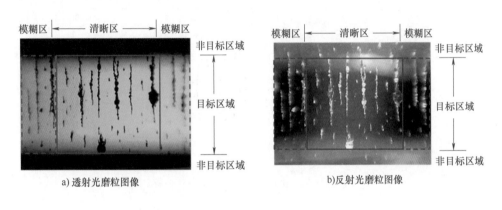

a) 透射光磨粒图像　　　　　　　　　　b) 反射光磨粒图像

图 2-12　静态磨粒图像传感器成像质量分析

本节主要介绍通过光学设计辅助软件 ZEMAX 分析上述传感器光线传播特性的方法[11]。根据磨粒成像过程可知，显微成像系统物面光线的传播主要经过了油液层、玻璃片、透镜组和感光面。参照已有的显微成像系统，可知各部件的具体参数，比如：油液层假设为曲率半径为无限大的玻璃片，油的折射率大约是 1.4~1.8，选择与其折射率接近的材料 H-FK61；玻璃片材料已知为 H-K9L。

各个部分的建模参数确定之后，需要进一步确定显微成像系统结构设计的三个基本系统参量，即孔径、视场和波长。孔径决定了光通量，参照原始系统的工作，F 数定义为 6.3；视场决定了视场范围，如图 2-13 所示，根据目标区域的尺寸可以得到对角线 CD 的长度；电磁波是镜头作为成像器件的工作对象，该显微成像系统的反射光源是白光，所以镜头的工作波长处于可见光范围。

根据以上的系统参量以及各个元件参数，在光学设计辅助软件 ZEMAX 中建立初始显微成像系统结构的模型[14]。如图 2-14 所示，对于视场中心的点，其光线汇聚点在感光面上能得到清晰的像；对于视场边缘的点，其汇聚点与感光面之间有一定的距离，导致磨粒成像模糊。这种现象也就解释了显微成像系统产生光学误差的原因。

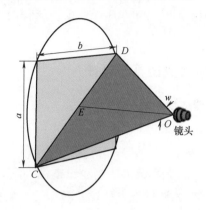

图 2-13　显微成像系统视场范围示意图

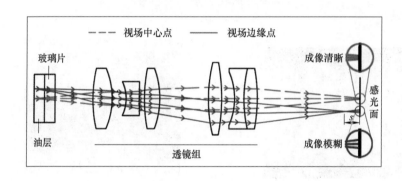

图 2-14　初始磨粒显微成像系统的光线传播特性分析

2.2.2.2　显微成像系统优化

通过上述成像缺陷分析，以视场内磨粒图像清晰度作为静态磨粒图像传感器显微成像系统结构优化的目标，本节介绍基于最小二乘原理求解显微成像系统最优参数的方法[11]，其主要流程如图 2-15 所示。

基于最小二乘原理求解显微成像系统最优参数的方法主要从以下两个方面开展工作：

1）针对非目标观测区域干扰磨粒信息提取的问题，根据目标观测区域和成像靶面尺寸，确定显微成像系统垂轴放大率的目标值，达到将成像视场限制在目标观测区域内的目的。垂轴放大率定义如下：

$$\beta = \frac{h'}{h} \tag{2-10}$$

式中　h'——像高；

　　　h——物高。

显微成像系统的像高可以根据成像面尺寸确定，即图像传感器感光面对角线的 $1/2$。

2）针对光学误差导致磨粒成像模糊的问题，以物方视场光束在像面上的光斑最小作为优化目标，达到消除像差的目的。

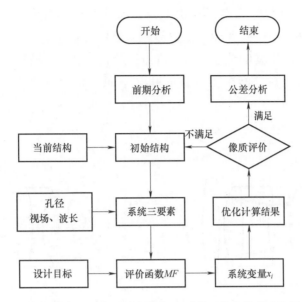

图 2-15　静态磨粒图像传感器显微成像系统的优化流程图

根据以上两点理想目标建立如式（2-11）的评价函数，其表征的是当前系统接近理想目标的程度。初始显微成像系统所对应的 MF 值为 1.8358。

$$MF^2 = \frac{\sum W_i (V_i - T_i)^2}{\sum W_i} \tag{2-11}$$

式中　　MF——评价函数值；

$\quad\quad W_i$——权重；

$\quad\quad V_i$——当前值；

$\quad\quad T_i$——目标值，此优化问题对应着垂轴放大率和光斑半径。

由式（2-11）可知，MF 越小说明当前显微成像系统越接近优化目标。当 $MF=0$ 时，表示系统已达到优化目标，而在实际求解线性方程组的过程中通常不能求出其精确解，为此可采用评价函数最小值作为优化目标，如式（2-12）所示，并基于阻尼最小二乘法求解数值解。

$$\min \left\{ \sum W_i (V_i - T_i)^2 \right\} \tag{2-12}$$

在该优化问题中，主要针对镜头的结构优化来建立模型。因此，选取镜头中各个透镜的面曲率、厚度以及相互的间距作为设计变量，基于 ZEMAX 对静态磨粒图像传感器的显微成像系统进行优化[14]。优化后的光学结构如图 2-16 所示，其 MF 达到最小值 0.0039，表明当前系统已非常接近目标。可以发现，三个采样视场点的光线汇聚点最终都落在感光面上，说明该显微成像系统能够得到清晰的像。

2.2.2.3　像质评价与公差分析

为评价显微成像系统的优化效果，本书引入调制传递函数（Modulation Transfer Function，MTF）曲线[15]对磨粒成像质量进行综合分析。图 2-17 为优化前后显微成像系统的 MTF 曲线图，横坐标为空间分辨率，表示单位毫米内显微成像系统能分辨的黑白条纹对数，单位 lp/mm；纵坐标为光学传递函数的模数，表示显微成像系统在不同空间分辨率下像对物的对比度响应能力，其取值范围为 0~1。图 2-17 中，T 和 S 分别表示理想的显微成像系统在空间中的垂直面和水平面，其后面的数字表示从采样点到视场中心的距离。

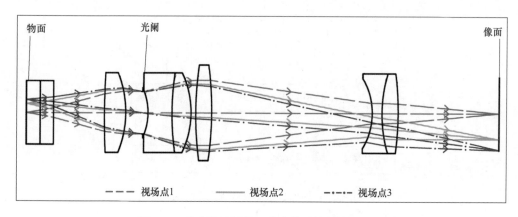

图 2-16　优化设计后的显微成像系统结构及光路

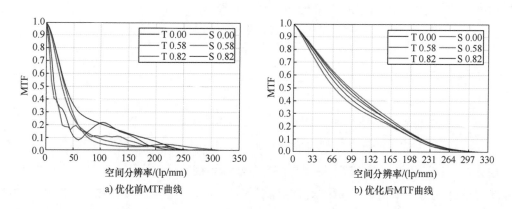

a) 优化前MTF曲线　　　　b) 优化后MTF曲线

图 2-17　MTF 像质评价曲线图

整体而言，随着空间分辨率的增加，MTF 曲线呈下降趋势，表明随着分辨率的提高，显微成像系统的成像质量有所下降。此外，MTF 曲线和水平轴所包围的区域越大，显微成像系统传输的信息量越大，成像质量越好。由图 2-17a 与图 2-17b 对比可知，优化后的显微成像系统表现出更好的成像性能。根据 CMOS 图像传感器中像元的尺寸 $7.6\mu m \times 7.6\mu m$，其空间分辨率为

$$f = 1/(2\times7.60\times10^{-3}) \approx 66 lp/mm \tag{2-13}$$

观察图 2-17a 与图 2-17b 中视场中心点的曲线可知，当横轴取 66lp/mm，优化前显微成像系统的 MTF 在 0.1~0.2 之间，而优化后显微成像系统的 MTF 大约为 0.6。优化后显微成像系统所有视场采样点在此空间分辨率下的 MTF 均大于 0.5。由此可见，优化后的显微成像

系统具有更佳的对比度响应能力。

除了 MTF 曲线分析之外，采用优化前后显微成像系统的点列图可以评价磨粒成像清晰度，结果如图 2-18 所示，图中红、蓝、绿代表三种波长的光，三幅图分别为三个采样视场点在像面的成像光斑。图 2-18a 中三个视场光斑的均方根半径（RMS Radius）分别为 10.438μm、14.538μm 和 19.567μm；而在图 2-18b 中同样的视场，光斑的均方根半径分别为 3.689μm、4.426μm 和 6.102μm。由此可见，显微成像系统物方点发出的光线在像方对应点接收到的光线经过系统优化后，更加趋于一个点，也就代表着磨粒成像更加清晰。

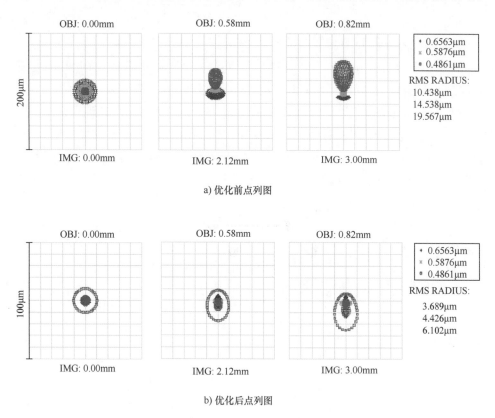

图 2-18　优化前后显微成像系统的点列图对比

2.2.3　基于定向遗传算法的光源布置优化

考虑到静态磨粒图像传感器内部结构复杂、视场区域小，LED 光源因体积小、亮度高被选作为静态磨粒图像传感器的光源。然而，LED 光源之间的相互安装位置是影响磨粒图像背景颜色均匀度、磨粒表面亮度差异的重要因素。为此，本节以传感器光照建模为基础，介绍通过光源位置参数寻优实现传感器视场区域光照均衡的方法。

2.2.3.1　静态磨粒图像传感器的光场建模

1. 传感器光源布置方式设计

根据光照强度分布理论，三颗及以上 LED 光源是光照强度均匀分布的前提。LED 光源的排布方式包括矩阵和环形阵列两种。其中，环形阵列方式是将 LED 光源以一个点为中心，旋转固定角度进行排列，可以实现中心区域的光照均匀；矩形阵列排布则像矩阵一样，彼此之间按照固定的距离线性排列，能够在大范围内实现亮度分布均衡。在静态磨粒图像传感器中，反射光光源需安装于磁极与成像系统的狭长空间内，适合矩形阵列排布。目标视场区域的光接受面较小，考虑静态磨粒图像传感器结构紧凑的特点，选取四颗 LED 光源作为反射光源，即 $N=4$。多个 LED 光源在 $P(x,y,z)$ 处产生的光照强度为[6,16]

$$E(x,y,z) = \sum_{n=1}^{N} \frac{z^{m+1} I_{LED}}{\left[(x-X_n)^2 + (y-Y_n)^2 + z^2 \right]^{\frac{m+3}{2}}} \tag{2-14}$$

式中　X_n、Y_n——第 n 颗 LED 位置的横、纵坐标值。

利用四颗 LED 光源建立矩形阵列模型[17]，如图 2-19 所示。其中，光接收面上任意一点 P 的照度与 LED 光源的位置成反比关系。由式（2-14）可知，阵列宽度 B、阵列长度 L、数量 N 和安装高度 z 共同影响了光接收面内光照强度的分布。为防止杂光进入镜头，根据物镜焦距可确定反射光光源的安装高度相对于磨粒沉积区域的高度。根据安装空间以及 LED 光源尺寸，阵列宽度 B 以及长度 L 的取值范围均可确定。在此基础上，可以优化参数 B 和 L 以实现静态磨粒图像传感器视场的光照均匀化设计。

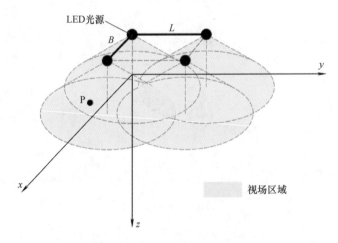

图 2-19　LED 矩形阵列模型示意图

2. 传感器光源布置位置优化建模

考虑到安装和调试误差，光照均匀化设计目标区域由静态磨粒图像传感器的视场区域扩大为 $2 \times 2\text{mm}^2$，以保证视场区域内的亮度均衡。光照不均匀度是评价目标区域内光照分布的重要指标，是目标区域内最大、最小照度值之间的差值与最大照度值的比值。

$$u = \frac{\Delta}{E_{max}} = \frac{E_{max} - E_{min}}{E_{max}} \tag{2-15}$$

式中　E_{max}、E_{min}——视场区域内的最大和最小照度值。

在目标区域内，最大光照强度与最小光照强度的值越接近，则该区域内的光照强度分布越均匀。基于此思想，采用式（2-16）的评价函数 F 优化 LED 光源的阵列排布参数。

$$F = 1 - u \tag{2-16}$$

评价函数的自变量是反射光灯的矩形阵列参数 B 和 L。通过对 LED 光源阵列分布参数进行优化以使评价函数值达到最大，即目标区域内的光照均匀度最高。基于此，LED 光源矩形阵列照明均匀化问题转化为目标区域内寻找评价函数最大值的问题。

2.2.3.2 基于定向遗传算法的光源位置参数优化

在优化目标、设计变量以及变量约束范围已经确定的前提下，作为多变量优化问题，本书介绍基于定向遗传算法[18]进行 LED 光源排列参数 B 和 L 的优化方法。

定向遗传算法以适应度函数作为筛选准则，依据适应度函数值定向决定遗传和变异的后代。作为评价个体适应性的依据，采用式（2-16）的目标函数作为适应度函数[17]，适应度函数值越大，个体适应性越强，越符合期望。定向择优不同于传统遗传算法随机产生后代的方法，而是在适应度值较高的后代中采用轮盘赌规则进行选择和复制，通过将每一代的最优组合进行交叉和变异，使下一代更接近优化目标。

光源位置参数的优化过程可参见图 2-20，随着迭代次数的增加，算法的适应度函数值也逐渐增大。当迭代到第 27 代时，此时适应度函数值达到最大为 91.87%，且相邻五代适应度增量小于 0.001，满足迭代终止条件，从而确定了光源位置参数 B 和 L。

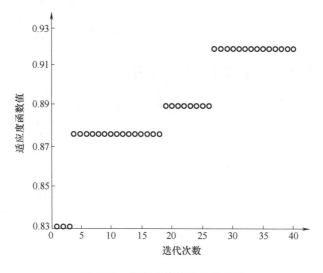

图 2-20　定向遗传算法迭代点图

2.2.3.3 光照均匀性验证

考虑到现有测试手段难以获得真实传感器中视场光照均匀度，根据图 2-19 中 LED 光源的分布参数，采用 TracePro 光学软件[7]建立光源仿真模型以模拟静态磨粒图像传感器视场的光照分布情况。其中，LED 光源的发光特性采用朗伯辐射体模型，可视为点光源。

光照仿真结果如图 2-21 所示。其中图 2-21a 为光接受面上光照强度的分布图；图 2-21b 是截取光照强度分布图上横、纵向光照强度值而绘制的光照变化曲线图。可以看出，在 $2 \times 2mm^2$ 的目标区域内，照度值基本分布在 $4500 \sim 5000 W/m^2$ 内，光照均匀度值达到了 90%；

截取横向与纵向照度值绘制的光照强度分布曲线中，在 2mm 范围内光照强度波动较小，照度最小值与最大值的比值为 90%，与理论优化结果相差约 2%。综上所述，当 LED 光源的阵列分布参数 $B=7\text{mm}$、$L=16\text{mm}$ 时，视场区域内的光照均匀度值可达到 90%，实现了静态磨粒图像传感器的光照均匀化设计。

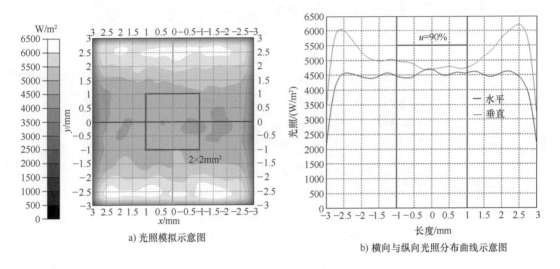

a) 光照模拟示意图

b) 横向与纵向光照分布曲线示意图

图 2-21　基于 TracePro 的光源仿真分析

2.2.4　静态磨粒图像采集系统及成像质量对比

以励磁装置、流道、显微成像系统以及光源等部件为基础，本书介绍静态磨粒图像采集系统的集成方法，主要遵循以下两项基本原则：①磨粒沉积区域中心、磁极缝隙中心和成像系统的光轴需分布于同一条直线上；②磁极与流道之间的紧密贴合。图 2-22 为新型的静态磨粒图像传感器。通过切换光源，静态磨粒图像传感器可以采集到磨粒的透射光与反射光图像，如图 2-23 所示。直观观察可知，静态磨粒图像传感器所获取的磨粒成像范围控制在目标区域内，整幅图像的磨粒清晰且光照均匀，表明磨粒成像像差得到了

图 2-22　集成后的静态磨粒图像传感器

矫正。图像分辨率为 640×480 像素，磨粒分辨率由原来的 2.86μm 提升至 2.08μm。可见，优化后静态磨粒图像传感器不但消除了非目标区域，而且一定程度上提高了分辨尺寸更小磨粒的能力。

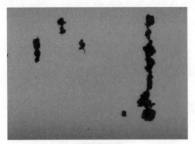
a) 透射光图像

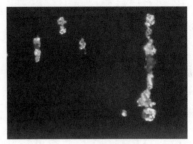
b) 反射光图像

图 2-23　静态磨粒图像传感器两类输出图像

以静态磨粒图像传感器为核心，结合嵌入式自动控制模块、微量泵、油路以及计算机采集软件等形成的润滑油磨粒图像监测系统如图 2-24 所示。该监测系统的工作原理为：静态磨粒图像传感器通过磁场吸附方式将磨粒以链的形式收集在视场区域内，并在两类

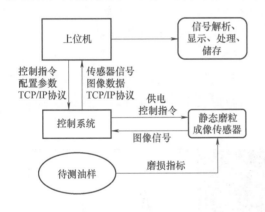

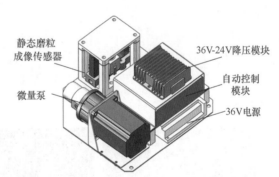
a) 方案设计

b) 磨粒图像监测设备

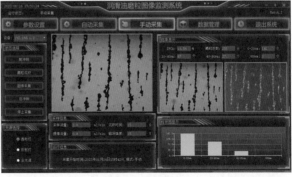
c)上位机采集软件

图 2-24　润滑油磨粒图像监测系统

光源下采集磨粒图像；嵌入式自动控制模块为整个系统的控制中心，基于高能效比的 ARM Cortex-A7 处理器实现磨粒采集过程中对各个执行操作元件的动作控制；磨粒链图像经过图像处理及磨粒分割算法最终输出磨粒的形态学及类型辨识结果。磨粒图像监测设备采用 TCP/IP 网络通信协议与上位机采集软件进行通信与数据传输，实现了装备磨损状态的远程在线、实时监测。

2.3 静态磨粒链分割与特征提取

单磨粒分析是推演设备磨损机理和健康状态的基石。然而，静态磨粒图像传感技术借助磁场力吸附磨粒，致使视场中磨粒呈链状分布，给单磨粒特征提取与辨识增加了困难。受制于磨粒形状不规则、尺寸不一的特性，磨粒链分割技术一直处于瓶颈状态，阻碍了磨粒图像分析技术的进一步发展。为此，本节立足图像处理算法，介绍基于磨粒链分割的静态磨粒特征提取方法。

2.3.1 磨粒成链问题剖析

静态磨粒图像传感器通过施加可控电流在磁极缝隙处产生高梯度磁场。当润滑油携带的铁磁性磨粒流经磁极缝隙上方时，在磁场吸附作用下沉积于微流道表面，并沿着磁感应线的方向排列，如图 2-25 所示。磨粒链的形成主要归因于磨粒在磁场中的磁化现象，被磁化的磨粒会自动首尾相接，呈现出链状形式；链与链之间也会因为彼此间的吸力进一步靠近并连接成簇。由于依赖磁场捕捉磨粒，磨粒成链的现象在静态磨粒图像获取中无法避免。

a) 透射光图像   b) 反射光图像   c) 磨粒链提取

图 2-25　静态磨粒图像传感器采集图像

磨粒链虽然可以通过 IPCA 等磨损宏观信息来分析设备磨损趋势，但阻碍了其单磨粒特征（如尺寸、颜色和纹理等）的提取，这也限制了静态磨粒图像传感器表征设备磨损机理的性能。南京航空航天大学研究人员[19]基于分割的思想针对磨粒成链现象开展了研究，但是其分析对象局限于离线铁谱图像，而且在分割过程中需要人为设定分割参数，并不适用于磨粒链快速分割，因此开展磨粒链快速分割算法研究具有非常重要的工程意义。

2.3.2　基于磨粒边缘特征的磨粒链自动分割

静态磨粒图像中单磨粒特征信息提取的本质是一个粘连磨粒的分割问题。磨粒透射光图像不仅可以提供磨粒的浓度信息，还能够从边缘形状的角度揭示磨损信息，是目前应用最广泛、使用最成熟的一类磨粒图像。鉴于这类磨粒图像在磨粒形状信息上的优势，本节以磨粒透射光图像作为信息源，介绍一种结合"腐蚀"与"膨胀"算子的多尺度磨粒链形态学分割方法。

2.3.2.1　基于单一尺度腐蚀-膨胀的磨粒链分割

基于腐蚀-膨胀的磨粒链分割基本思想[20-23]是：获得二值化磨粒图像后，通过极限腐蚀与条件膨胀处理，得到粘连磨粒的分割线。所谓腐蚀是不断使用特定的结构元素缩小、分离粘连区域直至相互独立。如果某独立区域随着腐蚀的进行而逐渐减小至与结构元素尺度相当的"核"，则将"核"标记并保存，腐蚀结束。鉴于在磨粒链分割时分割线准确定位的重要性，本节介绍一种基于腐蚀-膨胀的磨粒链分离方式。具体地，磨粒链经过 k 次循环腐蚀后，某一个磨粒被分开，即图中的连通区域数量增多（有新区域产生）时，则腐蚀立即停止。此时，所有独立磨粒都经受了 k 次腐蚀，那么再经过 k 次膨胀，这些被腐蚀区域将会复原至未处理之前的状态，即可以获得被腐蚀开的两个磨粒之间的分割线。

图 2-26 展示了一个典型的单一尺度腐蚀-膨胀过程[24]。可以发现，经过 2 次腐蚀，最左侧的磨粒已经与其右侧的磨粒分割开，如图 2-26b 所示，并且整幅图中连通区域的数量由 1 增加至 2，表明有新增独立区域出现。此时，腐蚀操作终止，对腐蚀结果进行类似腐蚀尺度的膨胀，便可以定位分割线，如图 2-26c 所示。上述分割方法可以确保尺度相差较大的磨粒间分割线不发生显著偏移。

a) 待分割磨粒链

b) 腐蚀2次

c) 条件膨胀

图 2-26　单一尺度腐蚀-膨胀的磨粒链分割

然而，从图 2-26c 中可以发现，虽然左侧磨粒与相邻磨粒区域被分割开，但是右侧的几个磨粒仍然处于粘连状态。类似地，需要经过若干次腐蚀以及若干次条件膨胀才能获得不同粘连尺度磨粒的分割线。由于右侧磨粒相较于左侧磨粒的粘连尺度较大，分离右侧磨粒群所需腐蚀次数明显大于分离左侧磨粒所需腐蚀次数。也就是说，一对"腐蚀-膨胀"操作并不能将所有的磨粒都分开。过少的腐蚀次数将导致部分磨粒分割不足，而过多的运算次数将导致部分较小区域被腐蚀消失，如图 2-27 所示。

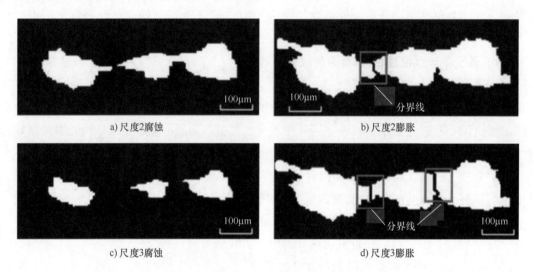

a) 尺度2腐蚀　　　　　　　　　　　　　b) 尺度2膨胀

c) 尺度3腐蚀　　　　　　　　　　　　　d) 尺度3膨胀

图 2-27　两种不同尺度下的腐蚀-膨胀分割结果

鉴于此，虽然单一尺度的分割消除了分割线分离的现象，但是不同阶段磨粒尺寸不一、差异显著，导致现有方法难以满足磨粒链快速分离的要求。因此，该方法还需进一步改进以便适应不同粘连尺度的磨粒链分割。

2.3.2.2　结合"腐蚀-膨胀"终止准则的多尺度分割

1. 多尺度分割基本思想

图 2-28 以单一尺度磨粒链分割原理为基础，展示了磨粒链多尺度"腐蚀-膨胀"快速分离的基本思想[24]。图 2-28 中将磨粒按照尺寸差异简化为尺寸不同的三个球，通过这三个大小不同球体的分离来说明不同尺度磨粒的分离方法。该方法仍使用连通区域的数量来统计磨粒的分割情况，连通区域数量越多，表明更多的单独区域的产生。

以小尺度为起始，当分割开始时，随着小尺度的腐蚀操作进行，仅有小磨粒被分离出来，此时连通区域数量增加，立即停止腐蚀，开始条件膨胀，得到该尺度下的分割线并保存。类似的，在大尺度分割阶段，使用的腐蚀结构因子尺度更大，对应腐蚀与膨胀的尺度相较于小尺度情况下更大。随着腐蚀操作的进行，连通区域数量增加，此时停止腐蚀，开始条件膨胀，获得分割线结果并保存。最后，将不同分割尺度所获得的分割线叠加得到总的分割线集合，与原图进行叠加获得最终的分割结果。

2. 多尺度磨粒链形态学分割方法

多尺度磨粒链形态学分割方法[24]的流程如图 2-29 所示。首先初始化连通区域的标记参数值 $Num_{total-0}$。按照每个尺度要求的运算次数进行腐蚀操作，统计所得连通区域的数量。当连通区域的数量增加时，终止腐蚀，进行条件膨胀，得到该尺度下的分割结果。增加尺度，重复操作，直到最终的腐蚀将不会有新的区域产生。

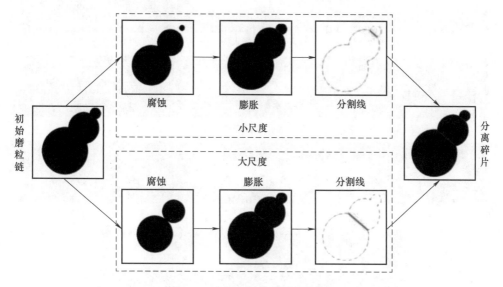

图 2-28　多尺度磨粒链分割原理图

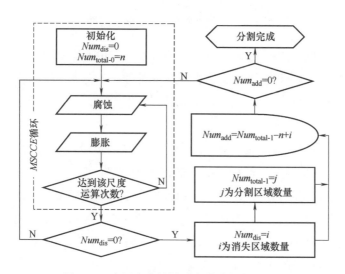

图 2-29　多尺度磨粒链形态学分割方法流程

　　上述分割思想确保了不同粘连尺度下的磨粒能够被依次分割，避免了使用单一尺度分割方法所造成的分割不足问题。图 2-30 为使用该方法对图 2-25a 中磨粒链进行自适应分割的过程。该磨粒链的分割经历了三个不同的尺度，在获得尺度 1、尺度 2、尺度 3 的分割线后将结果叠加可以得到总的分割线集合，如图 2-30j 所示，叠加至原磨粒链中便得到最终的分割结果。

3. 多尺度分割终止准则

　　从图 2-30k 中可以看出，四个磨粒基本被正确分割开，且不存在分割线偏移现象。然

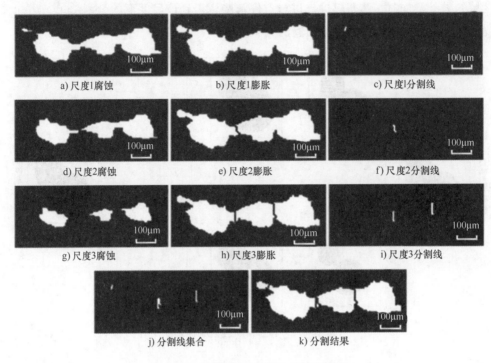

图 2-30　多尺度磨粒链形态学分割过程

而，在真实分割过程中，过多次数的腐蚀会导致较小区域的磨粒被腐蚀消失，故每一个尺度的操作都应该得到控制。此外，考虑到磨粒链分割的效率，分割算法应能自行收敛，即运算到一定情况时终止运算而非无限分割。针对此特点，本节介绍一种终止准则，以自适应地停止磨粒链分割进程，具体如下[23]。

首先，标记图像中的连通区域，获得图中连通区域的数量 $Num_{total-0}$；然后，使用选定的结构元素对图像进行一次腐蚀，得到新的连通区域数量 $Num_{total-1}$。如果 $Num_{total-1}$ 增加，则意味着有新的分离区域出现。因此，连通区域的数量变化可以用于来判断是否停止腐蚀并开始膨胀。但是，通常当新的连通区域出现时，较小面积的连通区域会由于腐蚀而消失，其数量记为 Num_{dis}，导致图中连通区域的数量并无变化。为解决此问题，运用面积阈值法在每一次腐蚀后进行连通区域的判断。如果某一连通区域面积满足一定标准（如：与结构元素尺度相似，再次腐蚀便会消失），这些区域均被统计成连通区域。因此，连通区域的增加量可以按照式（2-17）计算为

$$Num_{add} = Num_{total-1} - (Num_{total-0} - Num_{dis}) \tag{2-17}$$

图 2-31 描述了图 2-30 中磨粒链分割全过程中连通区域数量的变化情况。黄色区域代表面积阈值法处理下存储至 Num_{dis} 的磨粒数量，蓝色代表图中剩余的标记区域数量 $Num_{total-1}$，灰色表示连通区域数量增加量 Num_{add}。图中磨粒数量将随着腐蚀的不断进行而逐步消失。

依据终止准则，当新区域产生，则 $Num_{add} > 0$，此时代表该尺度下的腐蚀已经有新的分割区域产生，该尺度的腐蚀应当停止，进行求取分割线的运算。反之，当 $Num_{add} = 0$，即连

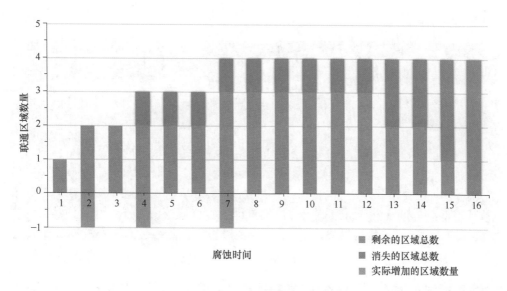

图 2-31　图 2-30 中连通区域数量变化

通区域数量经历腐蚀不增加，表明无新区域产生，此时有两种情况：若进一步腐蚀 $Num_{add}>0$，表明又有新区域产生，应继续求取分割线；若进一步腐蚀 $Num_{add}=0$，认为无新区域产生，分割应停止，统计各尺度分割线，得到最终结果。

2.3.2.3　多尺度分割算法的应用

上述多尺度磨粒链形态学分割方法实现了静态磨粒透射光图像的快速处理。图 2-32 描述了静态磨粒透射光图像的多尺度分割全过程。

图 2-32a 是静态磨粒透射光原图的二值化结果，图 2-32b 是经过第一个尺度分割的结果，图 2-32c 是第二尺度的分割结果，图 2-32d 是第三尺度的分割结果，图 2-32e 是第四尺度的分割结果，图 2-32f 是第五尺度的分割结果，图 2-32g 是不同尺度的叠加结果，图 2-32h 是后处理结果。依据分割结果，多尺度二值形态学分割方法实现了单磨粒特征信息的提取，结果见表 2-1。

表 2-1　图 2-32h 中单磨粒特征信息统计结果

统计量	$A/\mu m^2$	$P/\mu m$	AR	R	$ECD/\mu m$
最大值	17415	735	8.3	3.6	149
最小值	27	9	1.0	0.2	6
中位值	2187	177	1.7	1.1	53
均值	3879	214	2.0	1.3	59
标准偏差	4684	159	1.1	0.6	38
变异系数	121	75	57	44	66

注：A—磨粒面积；P—磨粒周长；AR—长径比；R—圆度；ECD—等效直径。

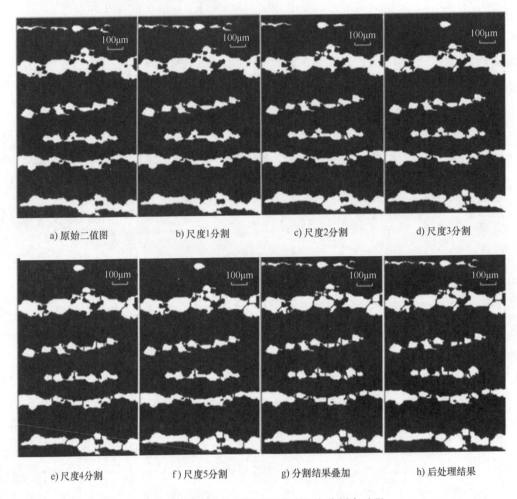

图 2-32　静态磨粒透射光图像多尺度分割全过程

2.3.3　磨粒链 Mask-RCNN 智能分割模型

　　磨粒链多尺度形态学模型主要面向形貌规则、尺寸差异较小的磨粒分割，而在应用于形状复杂且大小不一磨粒时往往伴随有严重的伪分割和不完全分割现象，造成磨粒链分割准确率较低，如图 2-33 所示。虽然形态学信息的引入在一定程度上提高了分割效率，但是传统分割算法只能基于单一图像进行，无法充分应用统计思想最大限度地挖掘隐含信息，导致分割先验知识不足且不具有统计意义，这也是造成磨粒链不完全分割现象的主要原因。

　　静态磨粒链分割不仅需要实现磨粒区域（目标）与背景的分离，还要实现磨粒个体间的分离及标记，属于同类物体不同个体的分割范畴。Mask-RCNN 网络[21,25]作为实例分割算法的典型代表，可以进行单属性物体个体间的分割，符合磨粒链实例分割的要求。此外，磨

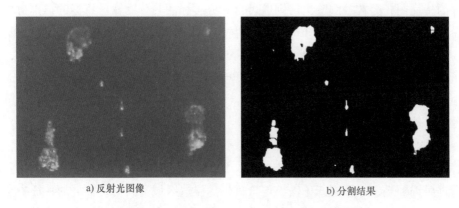

a) 反射光图像　　　　　　　　　　　b) 分割结果

图 2-33　多尺度磨粒链形态学分割算法结果分析

粒反射光图像相对于透射光图像，能够提供磨粒表面颜色、纹理等大量的分割先验信息，对于提高分割精度具有重要的作用。为此，本节以磨粒反射光图像为对象，介绍基于 Mask-RCNN 网络架构的磨粒链智能分割网络，其结构架构如图 2-34 所示。

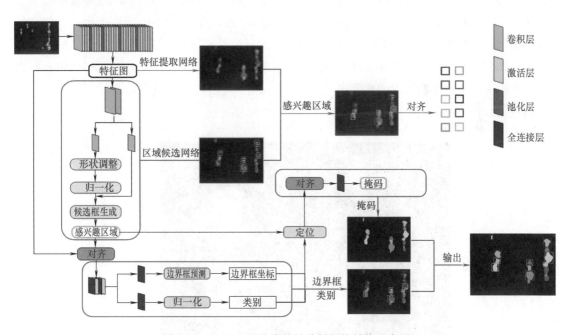

图 2-34　Mask-RCNN 磨粒链分割网络结构示意图

如图 2-34 所示，Mask-RCNN 磨粒链智能分割网络[17]主要包括特征提取层、感兴趣区域生成层、感兴趣区域对齐（RoI Align）层以及磨粒检测输出层四部分。与传统的 Mask-RCNN 网络相比，Mask-RCNN 磨粒链智能分割网络的特征提取层采用深度残差网络 ResNet101 与 FPN 网络共同构建，可提取磨粒反射光图像的深层次特征；感兴趣区域生成层是通过区域候选网络（Region Proposal Network，RPN）从特征图中提取可能存在的目标区域（Region of Interest，RoI）；感兴趣区域对齐层是将候选区域映射到特征图的目标区域转换为固定尺寸的特征图；磨粒检测输出层则通过目标分类和回归分支输出目标的类别概率和边界框偏移量，并利用掩膜分支帮助 RoI 特征图生成二值掩膜，实现磨粒的像素级分割。整个 Mask-RCNN 磨粒链智能分割网络继承自上而下的原则，磨粒反射光图像依次经过这四层处理实现了单磨粒边界的像素级预测。为提高磨粒链的分割精度，Mask-RCNN 磨粒链智能分割网络根据磨粒形状复杂、尺寸不一的特点，对其感兴趣区域生成层、RoI Align 层进行了优化设计，具体如下。

2.3.3.1 RPN 网络设计

以特征提取网络得到的特征图作为输入，RPN 网络可以生成一系列不同比例和尺寸的锚框，通过对锚框进行预测回归可输出包含目标的候选区域。其中，锚框的特征决定着目标检测的置信度，直接影响了磨粒链的分割精度。为此，根据磨粒形貌特征，锚框的比例特征基数和尺度特征基数均进行了优化，以提高磨粒候选区域的检测精度。

1. 尺度特征基数

尺度特征基数是特征区域等效为正方形时的边长，在图像中表现为二维尺度，其尺寸受特征图和磨粒尺度影响。磨粒等效尺度范围大约是 $0 \sim 250\mu m$，但是在某一维度可能大于 $250\mu m$，比如细长的切削磨粒，因此将磨粒尺度的最大值规定为 $350\mu m$。在图像中，物体的尺度采用像素点表示，因而尺度特征基数是以像素点为单位的一系列正数值。静态磨粒图像传感器所采集的磨粒图像分辨率为 640×480 像素，对应尺度大约为 $1200\mu m \times 900\mu m$，如图 2-35 所示。从图像像素点的角度出发，$0 \sim 350\mu m$ 对应的像素点范围为 $0 \sim 256$。因此，尺度特征基数序列的最大值为 256。

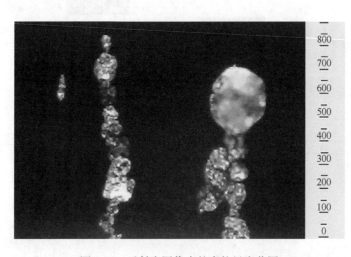

图 2-35　反射光图像中的磨粒尺度范围

基于此，Resnet101 第一阶段产生的特征图中对应的尺度特征基数为 256。从第二阶段开始，每阶段所产生的特征图尺度折半，所对应的尺度特征基数也随之折半，分别为 128、64、32 和 16。P6 与 P5 相同，但考虑更小尺度的磨粒，P6 特征图上特征区域的基本尺度为 8。因此，网络的尺度特征基数为 128、64、32、16 和 8。

2. 比例特征基数

磨粒形状的不规则性以及磨粒分布的随机性导致在生成特征区域时无法固定为某一尺度的特征区域。为尽可能地将磨粒包含在特征区域内，在保证特征区域面积不变的情况下，改变特征区域长与宽的比例进行不同尺度区域的调整。如图 2-36 所示，在图像上每一个像素点位置，根据基数所确定的区域面积，参照不同的长、宽比例来确定具体特征区域。在选择比例时，须充分考虑各种磨粒的形状，比如球形磨粒等效为正方形，而切削磨粒属于细长型磨粒，需等效为长方形。因此，只要所选择比例在生成特征区域时可以同时将球形磨粒和切削磨粒包含在内，便能够涵盖所有磨粒。为此，选择 0.5、1 和 2 作为比例特征基数，其中长宽比为 0.5 和 2 对应的特征区域可以包含不同方向的切削磨粒，比例为 1 所对应的区域则可以包含球形磨粒，以覆盖所有形状的磨粒。

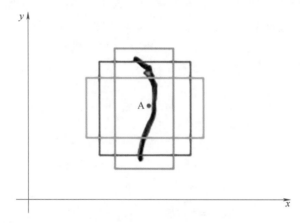

图 2-36　特征区域随机生成示意图

2.3.3.2　感兴趣区域的对齐

通过 RPN 网络获得包含目标的候选区域后，需要将候选区域映射到特征图中的目标区域并转换为固定尺寸的特征图，用于后续的分类、边界框回归和掩膜生成。然而，Mask-RCNN 网络中候选区域由于尺度不同，在归一化时像素点丢失占比可达 50% 以上，导致标记区域与目标区域不对齐。针对此，本节介绍一种增广池化策略，具体为：

1）将候选区域的标记框在长和宽两个维度上同时进行扩张，使其长和宽达到池化尺度的最小倍数，并将扩张尺度单独记录于矩阵中。

2）进行归一化操作，并将统一尺度后的候选区域输入全连接层进行标记。

3）在上采样时，参照单独记录于矩阵中的扩张量进行特征区域标记框的还原。

假定需要将 $L \times H$ 的候选区域统一池化为 $P \times P$。当长 L 与宽 H 无法被 P 整除时，会存在小数部分。为降低像素点的丢失以及使目标区域处于中心位置，利用候选框对角坐标进行双向扩张。候选区域对角坐标分别为 (x_1, y_1) 和 (x_2, y_2)，扩张量记为 dx_i、dy_i，扩张后的候选区域对角坐标变为 $(x_1 + dx_1, y_1 + dy_1)$、$(x_2 + dx_2, y_2 + dy_2)$，分别记为 (x_{1k}, y_{1k})、(x_{2k}, y_{2k})，扩张公式为

45

$$dx_1 = \begin{cases} -[P-L\%P]/2 & [P-L\%P]\%2=0 \\ -[P-L\%P-1]/2 & [P-L\%P]\%2=1 \end{cases} \quad (2\text{-}18)$$

$$dy_1 = \begin{cases} -[P-H\%P]/2 & [P-H\%P]\%2=0 \\ -[P-H\%P-1]/2 & [P-H\%P]\%2=1 \end{cases} \quad (2\text{-}19)$$

$$dx_2 = \begin{cases} [P-L\%P]/2 & [P-L\%P]\%2=0 \\ [P-L\%P+1]/2 & [P-L\%P]\%2=1 \end{cases} \quad (2\text{-}20)$$

$$dy_2 = \begin{cases} [P-H\%P]/2 & [P-H\%P]\%2=0 \\ [P-H\%P+1]/2 & [P-H\%P]\%2=1 \end{cases} \quad (2\text{-}21)$$

当池化后的区域经全连接层标记后，特征区域经上采样恢复至原状，恢复后的对角坐标分别为（$x_{1k}-dx_1$，$y_{1k}-dy_1$）、（$x_{2k}-dx_2$，$y_{2k}-dy_2$）。

候选区域在扩张时不可超过图像的边界区域，因此，需要设定扩张边界条件。在图像坐标系中，不逾越边界则意味着扩张区域的坐标位于图像内。针对 640×480 像素的静态磨粒图像，扩张后的坐标需位于（0，0）、（0，480）、（640，480）、（640，0）内部，则边界条件为

$$\begin{cases} dx_1 = 0 \\ dx_2 = P-L\%P \end{cases} \quad x_1+dx_1<0 \quad\quad (2\text{-}22)$$

$$\begin{cases} dx_1 = -[P-L\%P] \\ dx_2 = 0 \end{cases} \quad x_2+dx_2>640 \quad\quad (2\text{-}23)$$

$$\begin{cases} dy_1 = 0 \\ dy_2 = P-H\%P \end{cases} \quad y_1+dy_1<0 \quad\quad (2\text{-}24)$$

$$\begin{cases} dy_1 = -[P-H\%P] \\ dy_2 = 0 \end{cases} \quad y_2+dy_2>480 \quad\quad (2\text{-}25)$$

图 2-37 展示了一个将 5×5 候选区域池化为 4×4 区域的案例。如图中红色线框所示，在原候选区域上添加偏移量，分别为 $dx_1=-1$、$dx_2=-2$、$dy_1=-1$、$dy_2=2$，扩张后区域的对应坐标由（3，2）和（7，6）变为（2，1）和（9，8）。扩张后的候选区域长与宽都变更为可以被 4 整除的最小倍数，池化过程中无需考虑任何量化或取舍过程。池化后的区域经上采样后可完全对应池化前的区域，降低了池化过程像素点的损失。

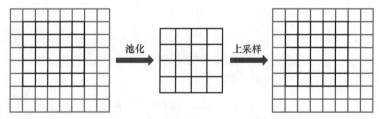

图 2-37　增广池化策略示意图

2.3.3.3　损失函数选择

损失函数是用来量化 Mask-RCNN 网络预测分类与真实类别的一致性，通过两者产生的

差异指导网络参数的优化学习。与原始的 Mask-RCNN 网络类似，Mask-RCNN 磨粒链智能分割网络是一个包含目标分类、检测和分割的多任务实例分割模型。相应地，该网络的损失函数也是由目标分类损失、边界框回归损失以及掩膜分割损失三部分组成。如式（2-26）所示，这三个损失函数组合起来共同构成了 Mask-RCNN 磨粒链智能分割网络的优化目标，以实现磨粒链的分割。

$$L = L_{cls} + L_{box} + L_{mask} \tag{2-26}$$

式中 L_{cls}——目标分类损失；

L_{box}——边界框回归损失；

L_{mask}——掩膜分割损失。

通过上述措施，即以 ResNet101+FPN 网络设计特征提取层，优选区域候选网络的比例特征基数、尺度特征基数以及感兴趣区域对齐，结合交并比（Intersection over Union，IoU）与交叉熵损失、二值平均交叉熵损失设计新的目标函数，形成了 Mask-RCNN 磨粒链智能分割网络。

2.3.3.4 模型训练与验证

1. 训练样本制作

训练样本是 Mask-RCNN 磨粒链智能分割网络学习磨粒链分割信息和优化参数的前提，它包括磨粒反射光图像和对应的样本标签。然而，在磁场作用下磨粒粘连成链、磨粒边界细节区分不明显，很难依靠人工进行分辨。针对此问题，采用视频录制磨粒沉积的过程，提取磨粒的灰度图像，并通过帧差法[26-28]获取不同时刻沉积的磨粒位置和轮廓，通过叠加至磨粒反射光图像完成样本标签的制作。图 2-38 展示了采用连续的 6 帧磨粒透射光图像制作样本标记的过程。

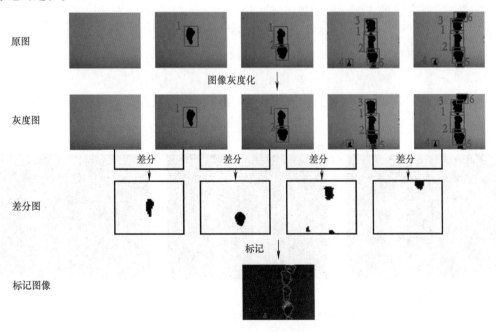

图 2-38 基于帧差法的样本标记示意图

2. 网络参数优化

选取 300 组反射光图像及对应样本标签作为训练样本，采用 Adam 梯度下降法训练 Mask-RCNN 磨粒链智能分割网络。迭代次数为 200 次，多任务损失函数权重均为 1。考虑到边界框回归损失函数是决定 Mask-RCNN 网络性能的关键，其训练过程如图 2-39 所示。其中蓝色、绿色和红色曲线分别代表 L2、Smooth L1 和 IoU 损失函数的变化趋势。通过对比发现，IoU 损失函数具有较高的收敛性和收敛精度，能够提高网络的分割准确率。

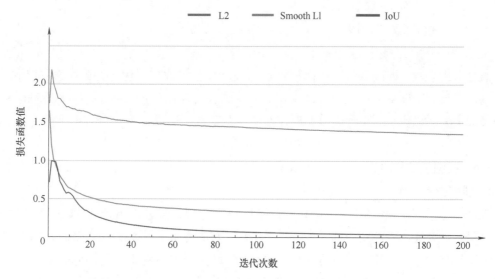

图 2-39 不同边界框回归损失函数的迭代趋势图

3. 磨粒链分割结果分析

以磨粒反射光图像作为测试对象，采用帧差法标记获得的样本标记图，共包含 15 个磨粒。如图 2-40a 所示，磨粒的尺度大小各异，且包含有银白色的铁质磨粒和红色的氧化磨粒。分别应用多尺度形态学算法和 Mask-RCNN 磨粒链智能分割网络进行磨粒链分割，其中图 2-40b 是基于多尺度形态学算法的分割结果，其背景为黑色，磨粒区域为白色；图 2-40c 是基于 Mask-RCNN 网络的磨粒链分割结果，包含目标掩码、磨粒定位框和目标置信度。

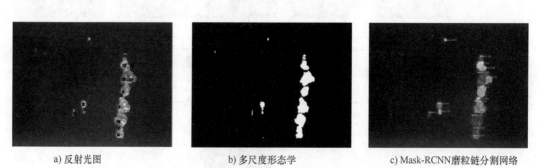

a) 反射光图　　　　　b) 多尺度形态学　　　　　c) Mask-RCNN磨粒链分割网络

图 2-40 磨粒反射光图像及不同方法的磨粒链分割结果

通过对比可知：多尺度形态学算法的分割结果中出现了 19 个磨粒，如图 2-40b 所示，比原有标记的磨粒数量多 4 个，其原因主要有两点：①多尺度形态学算法受噪声的影响较大，将噪声点误判为磨粒；②多尺度形态学算法无法准确应用磨粒轮廓和色彩信息，误将 11 号、15 号和 13 号、14 号等磨粒分割为同一目标。与之相反，Mask-RCNN 磨粒链智能分割网络不但能够有效地学习到磨粒的边界轮廓信息，还可以利用磨粒不同颜色的信息进行分割，准确将磨粒链分割成 15 个磨粒，有效地将 13 号、14 号等颜色相近磨粒分割开，并且掩码与实际磨粒区域对齐程度高，单磨粒面积的分割完整度更好。

2.4 静态磨粒图像传感器的效果检验

2.4.1 图像质量验证

为验证静态磨粒图像传感器效果，对比分析了优化前、后传感器对不同油样的采样结果。图 2-41 是在不同实验中获取的油样，润滑油的颜色以及污染程度由左到右依次加重。图 2-42 和图 2-43 展示了优化前、后传感器采集的磨粒图像。

图 2-41　不同工况下的润滑油样
（注：从左到右依次为基础油、减速器油、齿轮跑合油、某舰船润滑油。）

如图 2-42a 和图 2-43a 所示，由于实验室原油透明度高且无污染，优化前、后传感器采集的磨粒图像颜色和表面纹理等信息都表现得比较清晰。随着润滑油黏度和污染程度增加，优化前传感器采集的图像在磨粒轮廓及表面出现了较为严重的模糊，而优化后传感器能够获得清晰的磨粒表面纹理及形貌特征。图 2-42d 和图 2-43d 展示了优化前后传感器对某舰船发动机严重污染润滑油的磨粒采集图像。可以发现，采用优化前传感器采集图像中磨粒淹没于背景中，无法观察到任何有效的特征信息；优化后传感器采集图像中磨粒表面颜色清晰，色彩分明，不受润滑油污染程度的影响。

综上所述，优化后的静态磨粒图像传感器可以捕获降质润滑油下的磨粒图像，且磨粒特征信息表现完整。

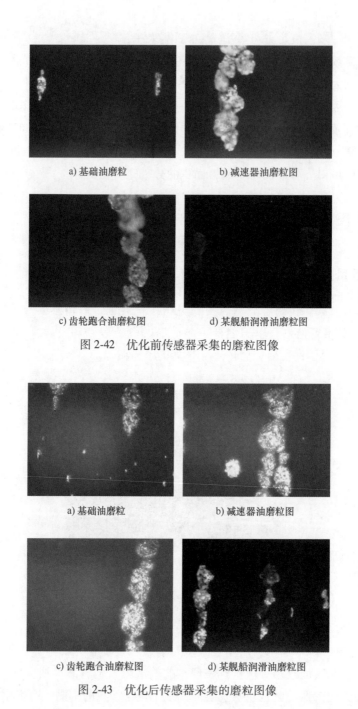

a) 基础油磨粒　　　　　　　　　b) 减速器油磨粒图

c) 齿轮跑合油磨粒图　　　　　　d) 某舰船润滑油磨粒图

图 2-42　优化前传感器采集的磨粒图像

a) 基础油磨粒　　　　　　　　　b) 减速器油磨粒图

c) 齿轮跑合油磨粒图　　　　　　d) 某舰船润滑油磨粒图

图 2-43　优化后传感器采集的磨粒图像

2.4.2　磨粒特征提取有效性分析

2.4.2.1　磨粒统计特征提取

以磨粒链分割为基础，可以获得单个磨粒的等效直径，进而提取静态磨粒图像中不同尺寸磨粒的统计信息，以反映设备的磨损状态。磨粒统计量具体包括 IPCA、磨粒相对浓度、磨粒数量、大磨粒占比。各个统计量的定义如下。

1. IPCA

IPCA 主要用于定量地描述静态磨粒图片中磨粒的总含量，能够反应磨损率与磨损剧烈程度，是一个应用非常广泛的参量。其计算原理如下：

$$\text{IPCA} = \frac{A}{WL} \tag{2-27}$$

式中　A——图像中所有磨粒覆盖面积；

　　　W——视场宽度；

　　　L——视场长度。

2. 磨粒相对浓度

磨粒相对浓度反映的是单位时间内单位油液体积中磨粒的含有量，其计算原理如下：

$$C = \frac{\text{IPCA} \times WL}{QT \times 60} = \frac{A}{WL} \tag{2-28}$$

式中　IPCA——磨粒覆盖面积指数；

　　　Q——采样流量；

　　　T——采样时间。

3. 磨粒数量

磨粒数量是通过监测单位油液体积内磨粒的数量实现磨损状况的监测分析。磨粒数量可以克服使用 IPCA 表征磨损状况的局限性，即相近 IPCA 值的两张图像在磨粒数量上可能相差巨大的难题。

4. 大磨粒占比

大磨粒占比是指某一采样体积内大于特定尺寸的磨粒数量与总数量的比值，该比值增加表征设备异常磨损状况的发生，特别是对在高速、重载、强振和高温下工作的装备。

2.4.2.2　磨粒特征提取有效性分析

通过磨粒链分割可以发现，磨粒数量统计的准确性和区域提取的完整性是保障磨粒统计特征提取精度的关键因素。鉴于此，采用多尺度形态学算法、原始 Mask-RCNN 网络和 Mask-RCNN 磨粒链智能分割网络分别对 10 幅静态磨粒图像进行处理，从磨粒数量统计及磨粒分割完整性两方面评价磨粒统计特征的提取精度。

1. 磨粒数量统计准确性评价

表 2-2 展示了 10 组静态磨粒图像分割磨粒的数量统计结果。可以发现，相较于多尺度形态学算法，Mask-RCNN 网络在磨粒数量分割精准度上得到了显著提升，特别是优化后的 Mask-RCNN 网络进一步提升磨粒数量准确度，平均准确率达到了 90% 以上。图 2-44 展示了一组不同方法下的磨粒链分割结果。可以发现，多尺度形态学分割效果较差，同时存在非常多的不完全分割与过分割现象，比如图 2-44a 中 7 号和 15 号两个磨粒被识别为 1 个磨粒；图 2-44a 中 10 号磨粒被过分割为 5 个目标。此外，多尺度形态学算法还存在将噪声点标记为磨粒的情况。在原始 Mask-RCNN 网络分割结果中，磨粒不完全分割现象已经被大大降低，只是偶尔存在，只有 15 号、16 号磨粒没有被提取出来。特别地，优化的 Mask-RCNN 网络

分割方法通过网络结构优化提高了磨粒分割的数量准确度。

表 2-2　不同方法的磨粒链分割数量结果对比

样组	标记样本/个	多尺度形态学/个	原始 Mask-RCNN/个	优化 Mask-RCNN/个	优化 Mask-RCNN 准确率（%）
#1	16	23	15	16	100
#2	15	19	12	15	100
#3	13	15	11	12	92.3
#4	19	22	19	17	89.5
#5	14	20	13	14	100
#6	12	15	12	12	100
#7	19	19	16	18	94.7
#8	11	17	9	10	90.9
#9	15	26	14	13	86.7
#10	23	30	20	20	87.0

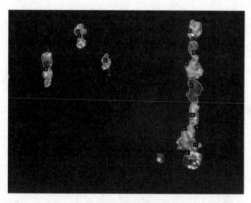

a) 反射光图像标记图

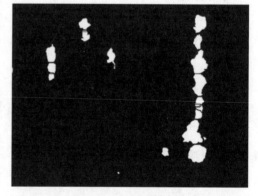

b) 多尺度形态学分割结果

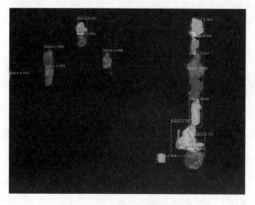

c) 原始Mask-RCNN网络分割结果

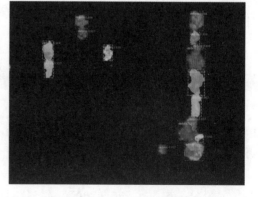

d) 优化Mask-RCNN网络分割结果

图 2-44　案例#1 磨粒链分割结果

2. 磨粒分割完整性评价

磨粒分割的完整性是单磨粒尺寸、形貌特征准确提取的基础。为量化分析磨粒链分割的精度，引入 IPCA 指标来评价磨粒分割的完整性。表 2-3 展示了 10 组静态磨粒图像分割的 IPCA 统计结果。可以发现，受磨粒复杂形貌、尺寸的影响，原始的 Mask-RCNN 网络的掩码无法覆盖每个磨粒的全部区域，存在严重的不对齐问题，且分割磨粒面积覆盖准确率较低，比如图 2-44 中 7 号和 13 号磨粒的完整性被显著降低。Mask-RCNN 磨粒链智能分割网络通过优化网络结构和增加增广池化层，提升了单磨粒分割的完整性，可达到 90% 以上。相比优化前的网络，优化 Mask-RCNN 网络的 IPCA 准确率平均提高 6.75%，在面积覆盖准确率方面得到普遍的提升。

表 2-3　不同磨粒链分割方法的 IPCA 结果对比

样组	标记样本（%）	原始 Mask-RCNN（%）	优化 Mask-RCNN（%）	精度提升（%）
#1	4.52	4.32	4.41	2.43
#2	3.27	2.97	3.05	2.45
#3	1.60	1.31	1.57	16.25
#4	2.77	2.36	2.48	4.33
#5	1.86	1.79	1.83	2.15
#6	0.67	0.58	0.62	5.97
#7	1.01	0.92	0.98	5.94
#8	0.61	0.51	0.57	9.83
#9	0.87	0.72	0.80	9.20
#10	1.89	1.65	1.82	8.99

2.5　小结

本章介绍了一种可以实现磨粒图像自动采集的静态磨粒图像传感器，并结合数字图像处理技术介绍了磨粒链自适应分割模型，实现了磨粒群统计信息的提取，具体内容如下：首先，以磨粒在磁场作用下的沉积特性分析为基础，分别从励磁结构、显微成像系统、光源布置等方面介绍了新型静态磨粒图像传感器的优化设计过程，并通过集成图像监测系统实现了降质油液中清晰磨粒图像的自动获取；其次，讲解了基于透射光图像的多尺度磨粒链形态学分割方法，并结合反射光图像阐明了 Mask-RCNN 磨粒链智能分割网络建模过程，解决了磨粒形状不规则和尺度随机导致磨粒链分割精度差的难题；最后，介绍了 IPCA、磨粒相对浓度、磨粒数量、大磨粒占比四个磨粒群统计特征，并从磨粒数量统计准确度与分割完整度两方面检验了静态磨粒图像传感器的效果。

参考文献

［1］徐金平. 在线磨粒图像监测系统的优化设计及智能采样研究［D］. 西安：西安交通大学，2015.

［2］王金涛. 图像可视在线铁谱传感器的理论和实验研究［D］. 西安：西安交通大学，2006.

［3］YANG L F, WU T H, WU H K, et al. Optimum color and contrast enhancement for on-line ferrography image restoration［J］. ASME Journal of Nondestructive Evaluation, Diagnostics and Prognostics of Engineering Systems, 2019, 2（3）：031003.

［4］WU T H, MAO J H, DONG G N, et al. Journal bearing wear monitoring via on-line visual ferrography［J］. Advanced Materials Research, 2008, 44-46：189-194.

［5］WU T H, PENG Y P, DU Y, et al. Dimensional description of on-line wear debris images for wear characterization［J］. Chinese Journal of Mechanical Engineering, 2014, 27（6）：1280-1286.

［6］刘沁. 大型 LED 方形阵列的照度均匀性［J］. 照明工程学报，2018，29（3）：88-93.

［7］朱焯炜，苏宙平，阙立志. 基于 TracePro 的 LED 透反式准直器设计与仿真［J］. 实验室研究与探索，2012（1）：9-11.

［8］孙明礼，胡仁喜，崔海蓉. ANSYS10.0 电磁学有限元分析实例指导教程［M］. 北京：机械工业出版社，2007：17-128.

［9］方鸿发. 低压电器［M］. 北京：机械工业出版社，1988：125-128.

［10］杨其明. 磨粒分析：磨粒图谱与铁谱技术［M］. 北京：中国铁道出版社，2002.

［11］杨羚烽. 在线铁谱传感器系统的优化研究［D］. 西安：西安交通大学，2019.

［12］杨吉新，陈定方. 基于遗传算法的有限元方法［C］. 全国结构工程学术会议，2000：289-293.

［13］李水祥，王桢. 基于有限元和遗传算法的厚壁线圈均匀梯度磁场优化设计［J］. 仪表技术与传感器，2016（2）：95-98.

［14］GEARY J M. Introduction to lens design with practical zemax examples［M］. New York：WillmannBell, Inc., 2002.

［15］BOREMAN G D. Modulation transfer function in optical and electro-optical systems［J］. Russian Chemical Review, 2001, 71（2）：159-179.

［16］王加文，苏宙平，袁志军，等. LED 阵列模组化中的照度均匀性问题［J］. 光子学报，2014，43（8）：22-28.

［17］王昆鹏. 在线铁谱磨粒图像增强方法与磨粒链分割算法研究［D］. 西安：西安交通大学，2021.

［18］FRASER A S. Simulation of genetic systems by automatic digital computers I. Introduction［J］. Australian Journal of Biological Sciences, 1957, 10（4）：484-491.

［19］JIN L, WANG J Q, WANG C. The technical research of ferrography division of morphology［M］. Berlin：Springer, 2012：1027-1037.

［20］张恒敢，杨四军，顾克军，等. 基于计算机视觉的小麦籽粒计数系统［J］. 数据采集与处理，2010（S1）：80-83.

［21］HE K, GKIOXARI G, PIOTR D, et al. Mask R-CNN［J］. IEEE Transactions on Pattern Analysis & Machine Intelligence, 2017, DOI：10.1109/TPAMI.2018.2844175.

［22］WU T H, WU H K, DU Y, et al. Imaged wear debris separation for on-line monitoring using gray level and integrated morphological features［J］. Wear, 2014, 316（1-2）：19-29.

［23］ 吴虹堃. 在线磨粒图像智能分割及磨损状态演变建模研究［D］. 西安：西安交通大学，2015.

［24］ WU H K, WU T H, PENG Y P, et al. Watershed-based morphological separation of wear debris chains for on-line ferrograph analysis［J］. Tribology Letters, 2014, 53（2）：411-420.

［25］ CHANU M M. A deep learning approach for object detection and instance aegmentation using Mask RCNN ［J］. Journal of Advanced Research in Dynamical and Control Systems, 2020（12）：95-104.

［26］ 熊英. 基于背景和帧间差分法的运动目标提取［J］. 计算机时代，2014（3）：38-41.

［27］ 林佳乙，于哲舟，张健，等. 基于背景差分法和帧间差分法的视频运动检测［C］. 中国仪器仪表与测控技术报告大会，2008.

［28］ 贾亮，张武臣. 基于帧间差分法的目标检测研究与 FPGA 实现［J］. 电脑与信息技术，2021，29（2）：20-23.

第3章 运动磨粒图像传感器设计

磨粒三维空间信息是磨粒精准分析的重要依据。然而，传统的三维磨粒分析设备如激光扫描共聚焦显微镜和原子力显微镜因其需人工干涉且操作复杂而难以推广应用。现有基于图像分析的磨粒快速监测传感器如 LNF，仅能提供单一视角静态图像，无法获取磨粒的三维信息。由于磨粒沉积的随机性，这些方法易导致表征磨损机理的磨粒典型形貌缺失。

本章重点介绍一种新的运动磨粒图像传感器及三维特征提取方法。与静态磨粒传感器不同，该方法摒弃了磁场吸附环节，而采用特殊设计驱动磨粒在油液中做滚动运动，通过获得磨粒滚动状态下不同视角的形态学特征，建立磨粒的三维空间特征体系。除此之外，这种方法的优势还在于：①由于去除了磁铁，减小了传感器体积；②不存在成链现象，无需复杂的磨粒链分割算法。本章将主要介绍以下内容：运动磨粒图像传感器原理及采集系统设计；运动磨粒跟踪及三维空间特征构造方法；基于立体重建的磨粒三维重建与形貌特征提取方法。

3.1 磨粒运动图像传感器设计

3.1.1 磨粒滚动运动原理

图 3-1 为基于图像特征提取的运动磨粒分析系统[1]，主要包括油液流道、图像采集传感器和计算机控制与处理软件三个组成部分。其中，油液通道即流道是磨粒做翻滚运动的重要载体，图像采集传感器采集的磨粒多视角特征信息与磨粒在流道中的运动状态有着直接联系。为获取不同视角下磨粒的形态特征信息，需要通过分析流道中油液流动状态获取流场分布，进而对磨粒受力及运动状态分析，用以指导传感器的结构设计。

在工程应用中，通常采用液体雷诺数（R_{el}）来判断液体的流动状态，其计算式为[2]

$$R_{el} = \frac{vD_d\rho_l}{\mu} \tag{3-1}$$

式中　v ——油液的平均流速；

D_d——流道的当量直径；

ρ_l——油液的密度；

μ——油液的动力黏度。

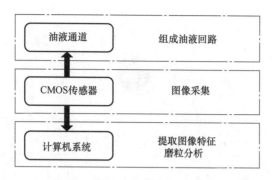

图 3-1　磨粒图像采集系统原理图

为实现油液中磨粒的图像采集，流道通常采用光学玻璃组装而成[3]，所形成的流道内部为长方形腔体。因此，D_d 即为矩形截面的当量直径，其计算式为

$$D_d = \frac{2bh}{b+h} \tag{3-2}$$

式中　h，b——流道的深度和宽度。

由于磨粒的粒径处于微米级，流道当量直径 D_d 为毫米级（10～3mm）即可符合磨粒流动需求；系统采用微量泵采集油样，其流量 q 的范围为 0～15ml/min；油液的密度和粘度可以 40℃美孚力霸 15W-40 润滑油作为参照，为 $\rho_l = 850\mathrm{kg/m}^3$，$\mu = 0.081\mathrm{Pa \cdot s}$。

通过式（3-2）可估计流体雷诺数的取值范围，得 $R_{el} < 2300$，从而判定流道中液体的流动状态为层流态。此时，粘性效应对整个流场分布起主要作用，如图 3-2 所示[4]。

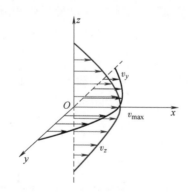

图 3-2　流道中油液流速分布示意图

如图 3-2 所示，层流态的液体由于受到其与流道间粘性作用的影响，其流速在垂直和水平方向上均呈抛物线分布。图 3-2 中的坐标原点为矩形截面的中心点；箭头方向为油液的流动方向；v_y 和 v_z 分别为流道宽度和深度方向上油液的流速分布；$v_{\max}$ 为流道中的最大流速。

磨粒在层流态液体中的运动特性如图 3-3 所示。在局部放大图中可以发现，在梯度分布作用力下，且 $v_1 > v_2$，磨粒以角速度 ω_2 进行滚动。可见，油液的层流运动状态是获取磨粒翻滚运动的基础。以下为具体的磨粒运动分析。

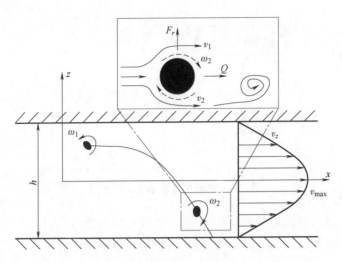

图 3-3　层流态液体中磨粒的运动状态示意图

在粘性作用下，磨粒受到油液的冲刷力作用而沿着油液流动方向运动。该冲刷力称为曳力（Q），其计算式为[5]

$$Q = \frac{C_d v^2 \rho_l A}{2} \tag{3-3}$$

式中　C_d——曳力系数；

　　A——垂直于流动方向的磨粒投影面积。

由式（3-3）可知，在层流状态下，磨粒上下两侧所受的液体流速冲力不同且 $v_1 > v_2$，导致磨粒上表面所受油液的曳力大于下表面，从而形成转矩，使得磨粒以角速度 ω 进行旋转运动。

根据伯努利原理，流速大的区域压力小，流速小的区域压力大，则磨粒在压力差的作用下产生升力，其与浮力方向相同，与重力方向相反；当压力差较大时，磨粒会悬浮于油液当中进行流动。由于金属磨粒的密度相对油液较大，其会在自身重力的作用下做沉降运动。流道底部磨粒的受力分析如图 3-4 所示。

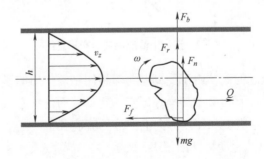

图 3-4　流道底部磨粒的受力分析图

h—流道的深度　F_b—浮力　F_r—升力　F_n—支撑力　F_f—摩擦力　mg—重力

在水平方向上，磨粒的运动根据其受力状态可分为四种基本状态，即静止、平移、滚动、平移加滚动。当曳力和升力达到一定值时，磨粒产生滚动，滚动力矩的计算公式为[6]

$$M = QR_d - (mg - F_b - F_r)R_{mg} \tag{3-4}$$

式中 M——力矩；

R_d，R_{mg}——Q 和 mg 的力臂。

对于同一个磨粒，转矩的大小受到 Q 和 F_r 的影响，而这两个参数则与油液的流量及流道的结构有关，可用于指导流道的结构设计。

3.1.2 磨粒运动的驱动设计

由 3.1.1 节分析可知，磨粒在层流态油液中可以发生滚动运动，故可以通过流道设计驱动磨粒的运动。然而，层流的速度梯度分布受到流道深度和宽度的影响，由图 3-2 可知，流速在宽度和高度方向均呈抛物线分布，所以在这两个方向上磨粒会绕着 y 轴和 z 轴同时旋转，由此会导致磨粒的旋转方向发生改变，造成图像采集传感器不能获取磨粒 360° 的全视角图像，则无法全面提取不同视角的磨粒特征。因此，需要减小水平梯度分布产生的旋转扭矩作用力，促使磨粒沿着水平方向并仅以 y 轴为旋转轴进行翻滚运动，即运动磨粒图像传感器的流道结构需要满足无限宽的设计要求。

3.1.2.1 流道深度确定

由式（3-4）可知，磨粒的旋转力矩取决于其所受的作用力及其力臂的大小。然而，磨粒在滚动过程中由于姿态的改变，力臂的大小也会随之改变，如图 3-5 所示。重力的力臂 R_{mg} 与重心的位置息息相关，当重心与支撑点的相对位置处于同一垂直线时，如图 3-5b 所示，$R_{mg} = 0$。此时，曳力 Q 成为旋转力矩的主导作用力。

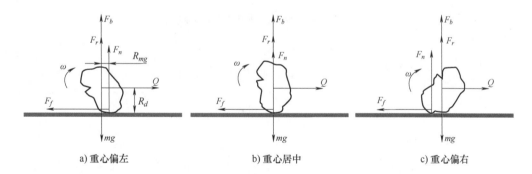

a) 重心偏左   b) 重心居中   c) 重心偏右

图 3-5   不同姿态磨粒的受力分布

由式（3-3）可知，曳力计算需要确定曳力系数的取值，并受到磨粒形状的影响。然而，磨粒的尺寸和形态差异性导致磨粒的受力分析非常复杂。为确定流道深度和磨粒粒径之间的关系，将磨粒等效为球形以简化分析过程，如图 3-6 所示，图中 d 为球形磨粒的直径。

在无限宽流道中，油液的流度分布可近似为二维分布，其模型表达式为[7]

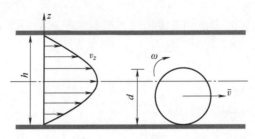

图 3-6　球形磨粒的简化受力分析

$$v_z = \frac{6q}{bh^3}(hz-z^2), \quad 0 \leqslant z \leqslant h \tag{3-5}$$

由式（3-5）即可计算作用在球形磨粒上油液的平均流速$\bar{v}$为

$$\bar{v} = \frac{3qd}{8bh^3}(8h-5d) \tag{3-6}$$

为计算曳力，还需进一步确定曳力系数。首先需考虑磨粒的雷诺数（R_{ed}），R_{ed}的计算式与R_{el}的相似：

$$R_{ed} = \frac{\bar{v}d\rho_l}{\mu} \tag{3-7}$$

根据各参量的量级，如磨粒的粒径为微米级，参照R_{el}的计算，可知$R_{ed}<1$。根据斯托克斯定律可计算曳力系数[5]为

$$C_d = \frac{24}{R_{ed}} = \frac{24\mu}{\bar{v}d\rho_l} \tag{3-8}$$

将式（3-8）代入式（3-3），且$A = \frac{1}{4}\pi d^2$，则可计算曳力为

$$Q = 3\pi\mu d\bar{v} \tag{3-9}$$

将式（3-6）和式（3-9）代入式（3-4），且$R_{mg}=0$，则求得旋转力矩[6]为

$$M = \frac{9\pi\mu qd^3}{16bh^3}(8h-5d) \tag{3-10}$$

从式（3-10）可以得到两条规律：

1）当流道结构和磨粒尺寸一定时，力矩的大小和油液的动力粘度及流量成正比。当油液的动力粘度很小时，可以通过提高流速来促进磨粒的翻滚运动。

2）当其他参数一定时，力矩的大小和流道的宽度成反比。

然而，上述分析仍无法获知力矩与流道深度及粒径之间的关系，还需要进一步分析。由于磨粒粒径为微米量级，因此初步设定流道的深度小于1mm，同时参考静态磨粒图像传感器的流道设计[3]，设置流量$q=1\text{mL/min}$、流道宽度$b=5\text{mm}$进行模拟分析，可得到力矩与流道深度及粒径之间的关系如图3-7所示。

从图3-7的曲面图可以得出第三条规律：当磨粒尺寸一定时，力矩随着流道深度的增大

而减小（注：流道深度需大于粒径）。由于不同的监测设备产生的磨粒大小不同，流道的深度应根据相应摩擦副的磨损磨粒的尺寸范围进行确定。文献［8］表明，齿轮箱及四球摩擦磨损试验机所产生的磨粒最大等效尺寸可达 160μm。考虑磨粒形状的不规则性，最终设计的流道深度为 200μm。

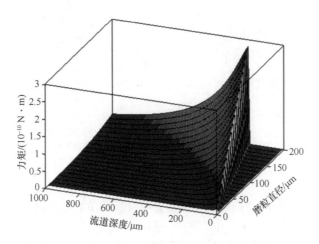

图 3-7　滚动力矩与流道深度及粒径之间的关系图

3.1.2.2　无限宽流道设计

为拍摄 360°的全视角图像，需要保证磨粒只沿着同一中心轴旋转，因此需要设计无限宽流道。通常，当流道横截面上的宽度相对深度较大时，可满足无限宽特性条件。在无限宽流道中，油液在宽度方向上的流速分布梯度近似为零，流场分布近似二维分布。流道中油液流速的真实分布应采用三维模型表示，其表达式为[9]

$$v_{y,z} = \sum_{n=1}^{\infty} -\frac{24bq(1-\cos n\pi)}{(n\pi h)^3} \frac{e^{\frac{n\pi y}{b}} + e^{\frac{n\pi(h-y)}{b}} - e^{\frac{n\pi h}{b}} - 1}{e^{\frac{n\pi h}{b}} + 1} \sin\frac{n\pi z}{b} \tag{3-11}$$

式中　$v_{y,z}$——y-z 横截面上的流速分布。

定义两个变量 δ_1 和 δ_2 分别表示二维和三维流场之间的最大速度差和平均速度差。当微流道满足无限宽条件时，二维模型计算的流场速度近似等于三维流速，即 δ_1 和 δ_2 趋于零。δ_1 和 δ_2 的计算式分别为[6]

$$\delta_1 = |\max\{v_{3D}\} - \max\{v_{2D}\}| \tag{3-12}$$

$$\delta_2 = |\text{mean}\{v_{3D}\} - \text{mean}\{v_{2D}\}| \tag{3-13}$$

式中　v_{3D}——式（3-11）计算所得的流速；

　　　v_{2D}——式（3-5）计算所得的流速；

$\max\{\cdot\}$——最大值；

$\text{mean}\{\cdot\}$——平均值。

由上节可知，当油液流量 $q=1\text{mL/min}$ 和流道深度 $h=0.2\text{mm}$ 时，δ_1 和 δ_2 与流道宽度 b 的关系变化曲线如图 3-8 所示。当流道的宽度大于 4.5mm 时，二维与三维流速之间的最大速度差和平均速度差均小于1mm/s。在如此小范围偏差情况下，可近似认为二维与三维流场计算的流速分布近似相等，即该流道为无限宽流道。综合考虑上述总结的第二条规律，即磨粒的滚动力矩随着流道的宽度增加而减小，设计流道的宽度为5mm。

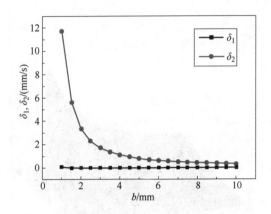

图 3-8　不同高度和宽度下两种模型计算的流速比较

　　为了更加清晰地展示无限宽流道中的流速分布，图3-9为该流道的流场仿真分析结果。可以发现，在该流道宽度方向1~4mm的位置，流速为二维分布状态，宽度方向上的流速对磨粒滚动的影响可以忽略。将相机安装在该位置范围，则可满足磨粒多视角图像的采集需求。由于流道的长度对磨粒滚动特性没有影响，因此流道的长度可根据相机的结构尺寸进行设定。

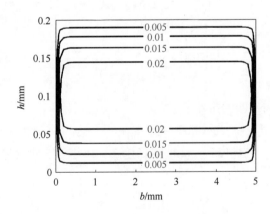

图 3-9　无限宽流道中油液的流速分布

3.1.2.3　运动磨粒的光学成像系统设计

　　运动磨粒图像传感器光学系统设计是为了获取到清晰的磨粒与图像背景分明的彩色图像，以提高磨粒特征参数提取的精度。

1. CMOS 相机选择

从几何光学中可知，光学系统的放大倍率 β 和焦距 f' 存在如下关系：

$$\beta = \frac{f'}{x} \tag{3-14}$$

式中 x ——光学系统的物距，即镜头前焦点到所拍摄物之间的距离。

由式（3-14）可知，当焦距固定时，要想获得较大的放大倍数，则需要减小镜头到物体之间的距离。由于磨粒存在于油液中，其位置受到油液流动状态的影响以及流道结构的限制，因此需要采用变焦距的光学系统以满足实际使用中物距的变化需求。为减小光学成像系统的体积，同时考虑到流道结构，采用"USB2.0 数码变焦显微镜"作为视频获取装置。该显微镜物距范围为 1.5~10mm，经过 CMOS 的放大器，可实现 60~200 倍的连续放大。当图像分辨率为 640×480 时，显微镜视频采集的帧率可达 50fps。

2. 传感器光源选择

当光源为垂直照明时，显微镜的分辨率 σ 与光源波长 λ 的关系为

$$\sigma = \frac{\lambda}{N_A} \tag{3-15}$$

式中 N_A ——镜头的数值孔径大小。

可知，当镜头的数值孔径确定时，改变光的入射波长可提高显微镜的分辨率。为获取磨粒的颜色特征，分别采用红、黄、绿、白四种颜色光源建立光学成像系统，获取的铁磨粒图像如图 3-10 所示。

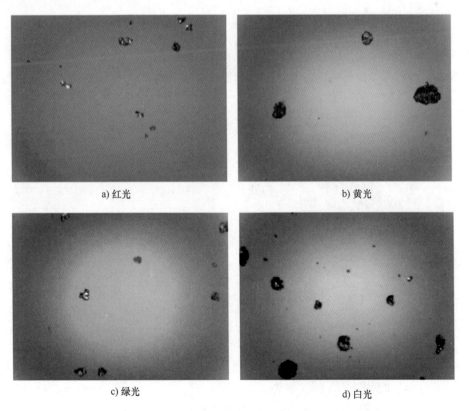

a) 红光　　　　　　　　　　　　　　b) 黄光

c) 绿光　　　　　　　　　　　　　　d) 白光

图 3-10　不同透射光源下采集的铁磨粒图像

由图 3-10 可知，因为光的干涉而造成不同光源获取的磨粒图像的效果不同，其中黄色光源使得磨粒原有的颜色发生改变；红光和绿光虽然保留了磨粒的颜色，但是在不同程度上丢失了磨粒的表面亮度信息和边缘特征信息；白光的效果最佳，能够获取最全面的磨粒颜色、亮度和边缘信息。

依托上述微流道与 CMOS 相机可以实现运动磨粒图像传感器及采集系统，通过检测油样获取运动磨粒多视角图像，以验证传感器结构设计的有效性。

3.1.3 运动磨粒图像采集系统及分析

3.1.3.1 运动磨粒图像采集系统设计

图 3-11 是运动磨粒图像传感器流道结构示意图。为给 CMOS 图像传感器预留拍摄窗口，流道的上下表面由两片光学玻璃嵌入至合金钢支架中装配而成。

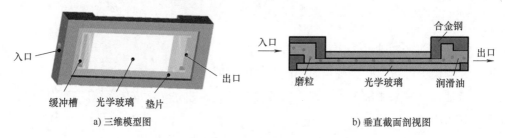

a) 三维模型图　　　　　　　　　　　　b) 垂直截面剖视图

图 3-11　运动磨粒图像传感器流道结构示意图

图 3-12 为运动磨粒图像采集系统的设计方案，主要包括：微流道、相机、光源、数字泵、控制电路板、开关电源等。运动磨粒图像采集系统的基本工作原理为：油液由数字泵驱

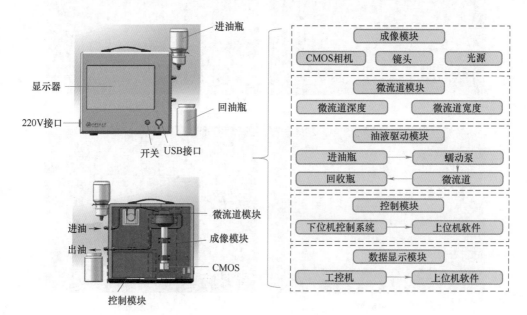

图 3-12　运动磨粒图像采集系统设计方案

动，通过传感器流道时其内部的磨粒发生翻滚运动，在此过程中由相机对磨粒进行图像采集，最终输出磨粒的运动视频。

3.1.3.2 运动磨粒多视角图像分析

为评估图 3-12 搭建的运动磨粒图像采集系统，需要设计实验进行性能分析，分别检验该系统对不同尺寸形态磨粒的采集能力以及三维特征构造能力。

第一组实验是分别采集到了不同尺寸和不同类型磨粒的多视角图像，如图 3-13 所示。图 3-13a 中，磨粒按尺寸等级分为小磨粒（<50μm）、中等磨粒（50~100μm）和大磨粒（>100μm）。图 3-13b 中展示了三种典型磨粒：球形、片状和条形。可以发现，系统可获取不同尺寸不同类型磨粒的不同视角图像，说明这些磨粒在微流道中均处于滚动状态，表明流道的结构设计合理。

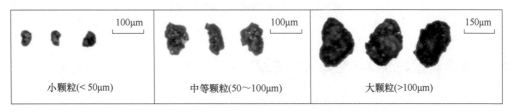

小颗粒(< 50μm) 　　中等颗粒(50~100μm) 　　大颗粒(>100μm)

a) 不同尺寸磨粒的多视角图像

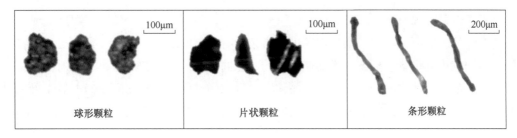

球形颗粒 　　片状颗粒 　　条形颗粒

b) 不同类型磨粒的多视角图像

图 3-13　系统采集的不同磨粒的多视角图像

第二组实验是采集单一磨粒的多视角图像序列，并提取每一帧图像中磨粒的形态特征包括面积、长轴尺寸和短轴尺寸，如图 3-14 所示。从图 3-14a 可以发现，不同视角图像所展现的磨粒形貌特征不同。结合图 3-14a 的视觉观察以及图 3-14b 所示的在 [120μm，138μm] 范围内小幅变化的长轴尺寸，表明该磨粒近似沿着长轴尺寸所在的中心轴翻滚。由此，通过图 3-14b 中的极值点可获取磨粒的最大面积、最小面积以及最小宽度值。

从图 3-14b 还可以发现，宽度与面积的变化趋势非常相似，最小宽度所对应的磨粒面积接近最小，因此可将最小宽度等效为磨粒的近似厚度，则磨粒的长宽厚以及最大最小面积等三维信息即可获取。根据这些基本的三维空间信息，还可以构造其他典型的三维特征，如纵横比[10]和球度[11]等，将会在后续三维特征构造中详细说明。该结果验证了运动磨粒图像传感器可实现磨粒滚动控制，能够采集单磨粒的不同视角图像。

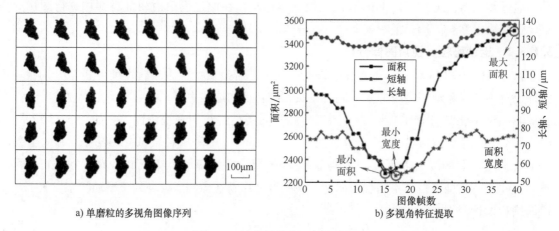

a) 单磨粒的多视角图像序列　　　　　　b) 多视角特征提取

图 3-14　单磨粒的多视角特征提取

3.2　运动磨粒检测跟踪与空间特征提取

3.2.1　运动磨粒自动跟踪

多视角图像提取是运动磨粒表面三维重建的基础，而运动磨粒自动跟踪则是实现上述过程的重要途径。然而，连续采集的视频中通常包含有大量的磨粒，而且受翻滚运动影响同一磨粒在不同帧中的位置、形态、运动速度等均不相同。此外，磨粒的边缘不规则性以及在微流道中的运动无序性进一步增加了运动磨粒自动跟踪的难度。针对此问题，本书介绍一种融合磨粒形态特征和 Kalman 滤波的运动磨粒匹配跟踪方法，可以实现磨粒多视角图像的自动获取。

3.2.1.1　融合形态特征的磨粒运动位置预测

对于磨粒跟踪而言，有效预测磨粒即将出现的位置能够缩减搜索时间。由于显微镜相机具有较高的采集速率（>30fps），而磨粒在微量泵的驱动下运动速度较低，因此可以采用恒速模型来预测运动磨粒在视频中可能出现的位置。Kalman 滤波作为线性最优估计算法，将目标的全局搜索转化为动态序列状态的局部搜索，最大程度地缩减跟踪算法的搜索时间。因此，Kalman 滤波算法可以利用磨粒已有的状态信息预估其运动位置。

如图 3-15a 所示，由磨粒长轴尺寸 L（Length）、短轴尺寸 W（Width）以及质心（x 和 y）所组成的矩形框包含了整个磨粒。由于磨粒的低运动速度和显微镜相机的高采样速率，磨粒的质心和形态特征在相邻帧的变化速度缓慢。因此，通过这四个特征可建立磨粒在第 k 帧图像中的运动状态空间[12]，为

$$X_k = [L, v_L, M, v_M, x, v_x, y, v_y]^T \tag{3-16}$$

式中　v_L、v_M、v_x 与 v_y——磨粒长轴、短轴及质心运动到相邻图像的速率。

以磨粒运动状态空间为基础，通过 Kalman 滤波模型可预测磨粒的运动位置，具体包括：观测、修正以及预测[13]，如图 3-15 所示。

1）观测：根据初始状态/匹配结果，更新目标磨粒在第 k 帧的运动状态空间。

2）修正：Kalman 滤波器利用实际观测结果校正其先验估计，对第 k 帧中磨粒的运动状态进行最优预估。

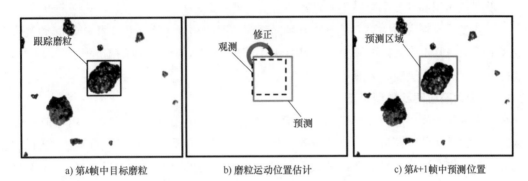

a) 第k帧中目标磨粒　　　b) 磨粒运动位置估计　　　c) 第$k+1$帧中预测位置

图 3-15　基于 Kalman 滤波的磨粒位置预测

$$K_k = P_k^- H_k^{\mathrm{T}} (H_k P_k^- H_k^{\mathrm{T}} + R_k)^{-1} \tag{3-17}$$

$$X_k^+ = \boldsymbol{\phi}_{k,k-1} X_k^- + K_k (Z_k - H_k \boldsymbol{\phi}_{k,k-1} X_k^-) \tag{3-18}$$

$$P_k^+ = (1 - K_k H_k) P_k^- \tag{3-19}$$

式中　K_k——滤波器增益系数；

　　　R_k——协方差矩阵；

　　　H_k——观测矩阵；

　　　Z_k——观察向量；

　　　$\boldsymbol{\phi}_{k,k-1}$——第 $k-1$ 帧到第 k 帧的状态转移矩阵。

3）预测：利用第 k 帧的运动状态修正值 X_k^+ 和误差协方差修正值 P_k^+ 预测第 $k+1$ 中磨粒的运动状态空间 X_{k+1}^- 和误差协方差 P_{k+1}^-，得到磨粒运动位置的估计值。

$$X_{k+1}^- = \boldsymbol{\phi}_{k+1,k} X_k^+ + w_k \tag{3-20}$$

$$P_{k+1}^- = \boldsymbol{\phi}_{k+1,k} P_k \boldsymbol{\phi}_{k+1,k}^{\mathrm{T}} + Q_{k+1} \tag{3-21}$$

式中　$\boldsymbol{\phi}_{k+1,k}$——从第 k 帧到 $k+1$ 帧的状态转变矩阵；

　　　Q_{k+1}——协方差矩阵；

　　　w_k——系统噪声向量。

3.2.1.2　目标磨粒特征匹配

磨粒运动的不可控性会导致预测区域可能共存有多个磨粒，因此，建立目标磨粒与预测区域内磨粒的匹配关系是实现磨粒自动跟踪的核心。考虑到显微镜相机采样频率高、磨粒转动速度慢，磨粒在相邻两帧中的形态不会发生显著改变。因而，可通过磨粒面积 A（Area）和周长 P（Perimeter）构造目标跟踪磨粒的匹配函数为

$$\Delta_i = \theta \frac{A_k - A_{k+1}^i}{A_k} + (1-\theta) \frac{P_k - P_{k+1}^i}{P_k} \tag{3-22}$$

式中　A_k，P_k——第 k 帧中目标磨粒的面积与周长；

　　　A_{k+1}^i，P_{k+1}^i——在第 $k+1$ 帧预测窗口内第 i 个磨粒的面积与周长；

　　　　　　θ——磨粒面积在匹配中所占权重。

由于磨粒面积和周长都会随磨粒转动变化，采用中间值（0.5）定义 θ。

Δ_i 越小表示预测区域的第 i 个磨粒与目标磨粒的匹配程度越大。由于相邻帧间磨粒形态变化较小，选择 0.1 作为匹配阈值 T。假如 Δ_i 小于阈值 T，则认为第 $k+1$ 帧预测窗口中第 i 个磨粒是跟踪的目标磨粒，否则不是。

3.2.1.3　运动磨粒跟踪模型更新

在完成特征匹配以后，即可更新目标磨粒在第 $k+1$ 帧中运动状态空间。用当前帧中磨粒运动状态的最优估计获得下一帧的先验估计，从而进一步预测下一帧中目标磨粒的位置。通过重复磨粒位置预测、特征匹配和模型更新，实现运动磨粒的自动跟踪。图 3-16 为视频样本中磨粒跟踪结果，其中所设定的跟踪目标为长轴尺寸大于 20μm 的磨粒。可以发现，运动磨粒自动跟踪方法实现了多磨粒的自动跟踪，而且对于形态特征不同的磨粒，该算法仍有效。

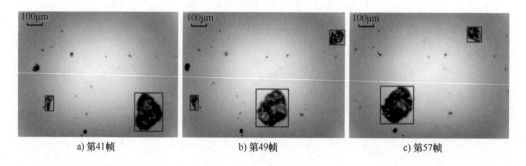

a) 第41帧　　　　　　　b) 第49帧　　　　　　　c) 第57帧

图 3-16　运动磨粒自动跟踪结果

3.2.2　基于磨粒二维特征的三维空间特征构造

为实现磨粒三维空间表征，以运动磨粒多视角图像为基础，通过统计分析磨粒不同视角的二维特征序列，获取磨粒基本空间信息并构造三维特征[14]。

3.2.2.1　磨粒平面特征定义

图 3-14 为同一磨粒的不同视角特征序列。可以发现，多视角图像序列相对于单一视角图像所包含的更多磨粒信息，可用于构造三维特征。为此，结合像素扫描方法[13]快速获取了磨粒的基本轮廓信息，包括长轴尺寸（L）、短轴尺寸（W）、面积（A）和周长（P）等。根据 ASTM 国际标准 F1877-2005[15]对磨粒平面特征的相关定义，利用基本轮廓信息可进一步构造磨粒二维特征，包括：

1）长径比 *AR*（Aspect Ratio），即长轴与短轴尺寸的比值，可作为切削磨粒判据，计算式为

$$AR = \frac{L}{W} \tag{3-23}$$

2）等效圆直径 *ECD*（Equivalent Circle Diameter），即磨粒表面等效于圆时的直径，用于表征不规则磨粒的粒径，计算式为

$$ECD = \sqrt{\frac{4A}{\pi}} \tag{3-24}$$

3）圆度 *R*（Roundness），即磨粒的形状和圆的相似程度，取值范围为 [0, 1]，当圆度接近 1 时，磨粒为圆形，计算式为

$$R = \frac{4A}{\pi L^2} \tag{3-25}$$

3.2.2.2 磨粒三维空间特征构造

图 3-14b 展示了不同视角下二维特征序列的变化曲线。从全视角图像中可以得到磨粒短轴尺寸的最小值 W_{min}，该参数可被认为是磨粒的近似厚度 *T*（Thickness），即 $T = W_{min}$。通过利用基本空间特征：长、宽、厚，可进一步构造磨粒的三维特征[1,14]，包括：

1）纵横比 *HAR*（Height Aspect Ratio），即长与厚的比值，可作为切削与层状磨粒的辨别依据，计算式为

$$HAR = \frac{L_{max}}{T} \tag{3-26}$$

2）宽厚比 *HWAR*（Height-Width Aspect Ratio），即宽与厚的比值，可作为层状磨粒的辨别依据，计算式为

$$HWAR = \frac{W_{max}}{T} \tag{3-27}$$

3）空间直径 *SD*（Spatial Diameter），即多视角特征序列中最大的等效圆直径，反映磨粒的空间尺寸，表达式为

$$SD = \max\{ECD\} \tag{3-28}$$

4）球度 *S*（Sphericity），表征磨粒的形状和球的近似程度，取值范围为 [0, 1]，当球度接近 1 时，磨粒为球形磨粒，计算式为

$$S = \sqrt[3]{\frac{W_{max} T}{L_{max}^2}} \tag{3-29}$$

式中　　W_{max}——多视角特征序列中短轴尺寸的最大值；

　　　　L_{max}——多视角特征序列中长轴尺寸的最大值。

3.2.3 磨粒三维空间特征的优势分析

为验证运动磨粒多视角图像分析的优势，对比分析三种形状不同的典型磨粒，包括球形

磨粒、片状磨粒和纤维状磨粒。每个磨粒选取六帧不同视角图像，分别如图3-17~图3-19所示。可以发现，三种类型磨粒均进行翻滚运动，而且不同视角展现了磨粒不同的形状特征。表3-1~表3-3分别展示了每帧图像上磨粒的特征参数，包括基本轮廓信息与典型的二维和三维特征信息。表中还给出了每个样本磨粒的二维特征序列的标准差，用于分析不同视角图像中磨粒形状的差异性。

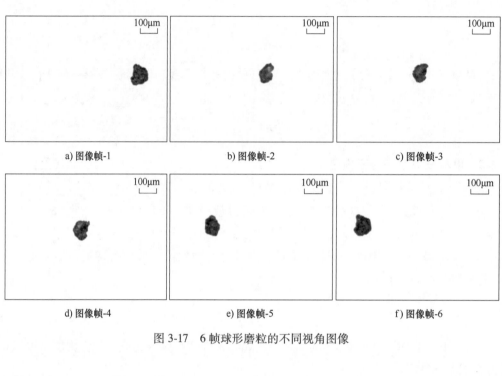

图 3-17　6帧球形磨粒的不同视角图像

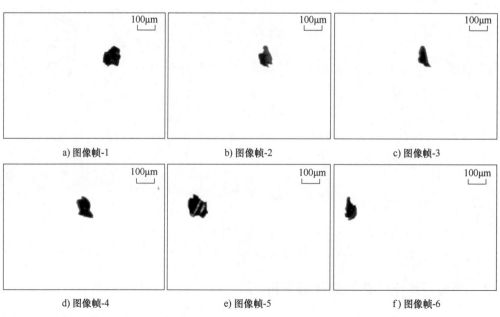

图 3-18　6帧片状磨粒的不同视角图像

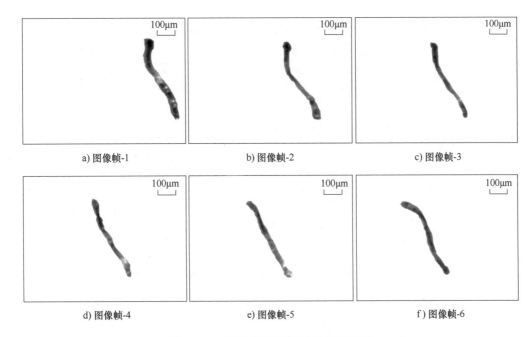

a) 图像帧-1 b) 图像帧-2 c) 图像帧-3

d) 图像帧-4 e) 图像帧-5 f) 图像帧-6

图 3-19 6 帧纤维状磨粒的不同视角图像

表 3-1 图 3-17 中球形磨粒的多视角特征提取

图像编号	基本轮廓信息							构造的特征参数				
	二维特征							三维特征				
	$L/\mu m$	$W/\mu m$	$A/\mu m^2$	$P/\mu m$	AR	$ECD/\mu m$	R	$T/\mu m$	$SD/\mu m$	S	HAR	$HWAR$
a)	123.42	114.50	3961.37	261.71	1.08	71.02	0.33					
b)	121.93	80.30	2911.55	227.51	1.52	60.89	0.25					
c)	123.42	83.27	3015.64	231.97	1.48	61.96	0.25					
d)	120.45	99.63	3487.02	251.30	1.21	66.63	0.31	80.30	71.02	0.84	1.56	1.43
e)	123.42	90.71	3284.78	233.46	1.36	64.67	0.27					
f)	124.91	111.53	3909.32	255.76	1.12	70.55	0.32					
μ	122.93	96.66	3428.28	243.62	1.29	65.95	0.29					
σ	1.54	14.36	442.02	14.37	0.19	4.25	0.03					

注：μ：平均值；σ：标准差。

表 3-2 图 3-18 中片状磨粒的多视角特征提取

图像编号	基本轮廓信息							构造的特征参数				
	二维特征							三维特征				
	$L/\mu m$	$W/\mu m$	$A/\mu m^2$	$P/\mu m$	AR	$ECD/\mu m$	R	$T/\mu m$	$SD/\mu m$	S	HAR	$HWAR$
a)	114.50	101.12	3616.38	255.76	1.13	67.86	0.35	52.05	76.33	0.65	2.77	2.09
b)	121.93	71.38	2554.67	248.33	1.71	57.03	0.22					

（续）

图像编号	基本轮廓信息							构造的特征参数				
	二维特征							三维特征				
	$L/\mu m$	$W/\mu m$	$A/\mu m^2$	$P/\mu m$	AR	$ECD/\mu m$	R	$T/\mu m$	$SD/\mu m$	S	HAR	$HWAR$
c)	129.37	52.05	2075.85	227.51	2.49	51.41	0.16					
d)	135.32	86.25	3287.76	261.71	1.57	64.70	0.23					
e)	144.24	108.55	4575.50	309.30	1.33	76.33	0.28	52.05	76.33	0.65	2.77	2.09
f)	133.83	69.89	2447.60	248.33	1.91	55.82	0.17					
μ	129.86	81.54	3092.96	258.49	1.69	62.19	0.24					
σ	10.50	21.18	922.02	27.44	0.48	9.18	0.07					

注：μ：平均值；σ：标准差。

表 3-3 图 3-19 中纤维状磨粒的多视角特征提取

图像编号	基本轮廓信息							构造的特征参数				
	二维特征							三维特征				
	$L/\mu m$	$W/\mu m$	$A/\mu m^2$	$P/\mu m$	AR	$ECD/\mu m$	R	$T/\mu m$	$SD/\mu m$	S	HAR	$HWAR$
a)	502.61	53.53	9134.64	767.29	9.39	107.85	0.05					
b)	486.25	47.58	6618.64	747.96	10.22	91.80	0.04					
c)	475.84	35.69	5485.54	706.33	13.33	83.57	0.03					
d)	495.17	37.18	6014.92	734.58	13.32	87.51	0.03	35.69	107.85	0.20	14.08	1.50
e)	495.17	38.66	6465.48	749.45	12.81	90.73	0.03					
f)	489.22	35.69	6463.99	762.83	13.71	90.72	0.03					
μ	490.71	41.39	6697.20	744.74	12.13	92.03	0.04					
σ	9.21	7.43	1264.04	22.12	1.84	8.31	0.01					

注：μ：平均值；σ：标准差。

　　图 3-17~图 3-19 再次证明了不同形状磨粒在传感器中进行翻滚运动，采用多视角特征序列构造的三维特征为磨粒识别提供了更多有效信息。从表 3-1~表 3-3 中的数据还可以发现，三维特征更准确地反映了磨粒的形状参数。例如，图 3-17 中的球形磨粒，二维圆度（最大值为 0.35）显示其形状类似圆形的程度不高，但却有着较高的球度（$S=0.84$），表明其高度近似于球形；图 3-18 中的片状磨粒，较小的长径比（$\mu=1.69\mu m$）只能判断该磨粒为非切削磨粒，但从宽厚比（$HWAR=2.09$）可知该磨粒的厚度较小；图 3-19 中的纤维状磨粒有着较高的长径比（$\mu=12.13$），但其纵横比可达 14.08。由此可见，三维空间特征可用于磨粒类型的准确快速识别。

　　通过上述分析可知，磨粒的形状参数如球度、纵横比和宽厚比等是磨粒类型识别的重要参数，磨粒的尺寸特征是磨损状态描述的重要参量[16]，厚度和空间直径可作为表征磨损状态变化的参数依据。由此可知，通过结合尺寸（T 和 SD）和形状特征（S、HAR 和 $HWAR$）可实现磨粒信息的综合描述[17]。

3.3 磨粒的三维重建与形貌特征提取

上述基于二维特征序列的方法可以实现磨粒多视角下三维空间特征的获取，但其本质是磨粒不同视角下二维图像特征簇，而非真正的磨粒表面三维形貌特征，在表征疲劳剥落、严重滑动等形态学相似磨粒时差异性较弱。针对此问题，本书介绍一种磨粒表面形貌的三维重建研究成果。

3.3.1 磨粒表面重建策略

与其他图像相比，磨粒图像的纹理信息相对较弱，导致常规的三维重建方法无法直接将磨粒表面形貌重建至令人满意的程度。例如，运动恢复结构（Structure from Motion，SfM）方法必须在表面纹理丰富的区域定位大量关键点，通过分析摄像机的运动恢复物体的三维结构信息。但是，显微镜采集图像的弱纹理性使得此类方法在磨粒表面重建中并不完全适用。为此，融合稀疏重建和稠密重建进行磨粒三维表面恢复是一种行之有效的方法。

磨粒表面分步重建方法[12,18] 如图 3-20 所示：①为实现弱纹理特性磨粒表面的重建，首先提取相邻帧中磨粒表面的关键点对，通过标定显微镜相机与求解多视图之间的位置几何关系，重建磨粒表面的显著位置/区域；②结合阴影恢复形状（Shape from Shading，SfS）算法与稠密策略对稀疏表面进行加密，恢复磨粒表面形貌的细节特征；③运用不同视角下的磨粒图像序列重建磨粒多表面三维形貌，为磨粒类型辨识提供更加完善的表面形貌信息。

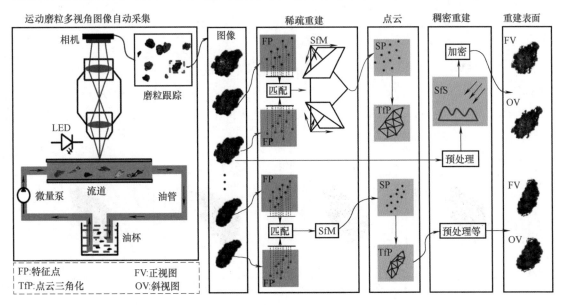

图 3-20　运动磨粒全表面形貌重构的建模思路导图

3.3.2 关键点表征的磨粒表面稀疏重建

磨粒表面的形貌变化以二维关键点的形式记录于运动磨粒图像序列中。如果在两幅图像中获得对应关键点的二维坐标，结合相机运动分析便能计算磨粒表面关键点的空间位置。

3.3.2.1 磨粒表面特征点对提取方法

关键点是恢复磨粒表面显著区域的基础，其数量直接影响了重建三维表面的疏密程度。鉴于相邻两帧图像的重合度最高，选用运动磨粒的相邻两视角图像作为对象，以获得最大数量的关键点表征磨粒表面。通过对比分析不同关键点检测方法的原理，Kanade-Lucas-Tomasi（KLT）算法利用图像的二阶导数提取关键点，并通过相邻图像的关联信息定位匹配关键点的位置，具有关键点提取数量多、匹配精度高的优点。由此可知，KLT算法具备从弱纹理的磨粒图像中检测关键点的能力。

1. 磨粒表面关键点定位

对于磨粒图像中任意一像素点为$I(x,y)$，假定其很小邻域W内所有像素都有亮度值，则可以通过KLT算子[19]计算该像素点的特征提取矩阵G与特征方程$f(\lambda)$，可以分别表示为

$$G = \begin{bmatrix} \sum_W I_x^2 & \sum_W I_x \cdot I_y \\ \sum_W I_x \cdot I_y & \sum_W I_y^2 \end{bmatrix} = \begin{bmatrix} a & b \\ b & c \end{bmatrix} \tag{3-30}$$

$$f(\lambda) = \lambda^2 - (a+c)\lambda + ac - b^2 \tag{3-31}$$

式中　I_x——x方向梯度；

　　　I_y——y方向梯度；

　　　λ——矩阵G特征值。

特征提取矩阵G表示像素点$I(x,y)$周围相邻像素点的结构信息。假定矩阵G的特征值为λ_1和λ_2，如果λ_1和λ_2的较小者大于阈值λ_{TH}，即$\min\{\lambda_1,\lambda_2\}>\lambda_{TH}$，则该点可作为磨粒表面的关键点。相比于Harris和SIFT算法，KLT算法提取的关键点数量更多，能够全面覆盖磨粒表面的显著区域，如图3-21所示。

a) 原始图像　　　b) Harris特征点　　　c) SIFT特征点　　　d) KLT特征点

图3-21　磨粒表面关键点提取方法对比

2. 磨粒表面匹配关键点定位

考虑到磨粒低运动速度和相机高采样速率，磨粒在相邻帧的运动速度较小，因而在关键点很小邻域 W 内的像素结构特征不会发生剧烈变化。因此，平移模型可以用于描述关键点邻域 W 的像素变化[18]。假设运动磨粒第一帧图像中的关键点表示为 $X(x_1,y_1,t)$，而第二帧图像中匹配关键点表示为 $X(x_2,y_2,t+\tau)$，则关键点 X 的位置变化满足式（3-32）。

$$X(x_2,y_2,t+\tau) = X(x_1+\Delta x,y_1+\Delta y,t) \tag{3-32}$$

偏移量 $d=(\Delta x,\Delta y)$ 称为关键点 X 从第一帧图像到第二帧图像的运动量。那么，磨粒图像关键点匹配问题则转化为求解使得关键点邻域结构差异最小化的偏移量 d，而两个关键点邻域像素结构的差异性可以采用最小残差和（Sum of Squared Intensit Differences，SSD）进行度量。因此，第二帧磨粒图像中匹配关键点最优位置的求解相当于确定能够使 SSD（用 ε 表示）最小化的偏移量 d。假设运动磨粒的第一、二帧图像分别为 I 和 J，通过 Newton-Raphson 迭代求解关键点的偏移量 d[20,21]，可确定磨粒表面关键点的最优匹配，如式（3-33）所示。

$$d_{k+1} = d_k + \begin{bmatrix} g_x^2 & g_x g_y \\ g_x g_y & g_y^2 \end{bmatrix} \times \left[\iint_W [J(X)-I(X)] \begin{bmatrix} g_x \\ g_y \end{bmatrix} \boldsymbol{\omega}(X)\,\mathrm{d}X \right] \tag{3-33}$$

式中　d_k——第 k 次 Newton-Raphson 迭代计算得到 d 的值。

在计算关键点的偏移 d 时，初始迭代值 d_0 设为 0。迭代匹配的终止条件为 $|d_{x_{k+1}}-d_{x_k}|$ 或者 $|d_{y_{k+1}}-d_{y_k}|$ 小于阈值 0.01。此外，当迭代次数大于经验值 30 次时，跟踪亦结束。以此为约束条件，利用式（3-33）在图像金字塔模型[22]中逐层求解，确定了匹配关键点位置。图 3-22 为磨粒#1 相邻两张图像中关键点的定位结果。

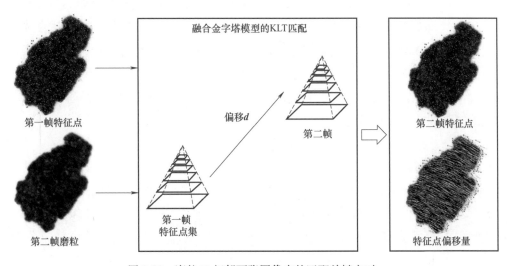

图 3-22　磨粒#1 相邻两张图像中的匹配关键点对

3.3.2.2　关键点空间位置计算

运动磨粒多视角图像序列是利用同一台显微镜相机采集，其成像模型如图 3-23a 所示。

显微镜相机位置固定不动，而磨粒表面关键点的位置随着磨粒的运动而变化。为求解关键点的空间坐标，可以变换磨粒与显微镜相机的相对空间位置。假定磨粒静止不动，显微镜相机经过旋转矩阵 $\boldsymbol{R}_1$ 及平移向量 $\boldsymbol{t}_1$ 到达位置 C' 再采集第二张图像，则磨粒成像模型可以采用图 3-23b 表示。

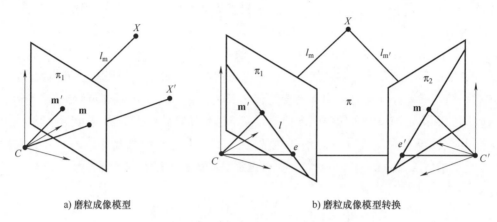

a) 磨粒成像模型　　　　　　　　　　b) 磨粒成像模型转换

图 3-23　运动磨粒采集系统中成像模型分析

假定世界坐标系与第一张磨粒图像所在的显微镜相机坐标系重合，其原点位于相机中心 C。对于第一张磨粒图像而言，显微镜相机没有发生旋转和平移，则平移向量 $\boldsymbol{t}=(0,0,0)^{\mathrm{T}}$，旋转矩阵 $\boldsymbol{R}$ 的表达式为 $\boldsymbol{R}=\boldsymbol{I}$。因此，第一张磨粒图像的相机投影矩阵为

$$\boldsymbol{P}_1=\boldsymbol{K}[\boldsymbol{I}\,|\,\boldsymbol{0}]=[\boldsymbol{K}\,|\,\boldsymbol{0}] \tag{3-34}$$

式中　$\boldsymbol{I}$——3×3 的单位矩阵。

根据图 3-23b 中磨粒成像模型，在采集磨粒第二张图像时，磨粒保持静止，显微镜相机的外部参数（即旋转矩阵 $\boldsymbol{R}_1$ 及平移向量 $\boldsymbol{t}_1$）发生变化[18]。这两项参数可以通过八点算法[23]求解得到。具体为：首先对磨粒表面关键点集进行归一化处理，增强数据抗噪性；其次从关键点集中随机抽取 8 组关键点对，采用八点算法求解得到基础矩阵与本质矩阵[24,25]；最后通过本质矩阵的奇异值分解计算采集第二张磨粒图像时显微镜相机的外部参数 $\boldsymbol{R}_1$ 和 $\boldsymbol{t}_1$。因此，第二张磨粒图像的相机投影矩阵表示为

$$\boldsymbol{P}_2=\boldsymbol{K}[\boldsymbol{R}_1\,|\,\boldsymbol{t}_1] \tag{3-35}$$

在采集运动磨粒图像时，显微镜内部矩阵 $\boldsymbol{K}$ 保持恒定，可通过张正友标定法获得。由此可知，通过两张磨粒图像的投影矩阵 $\boldsymbol{P}_1$、$\boldsymbol{P}_2$ 便能够计算关键点的空间位置。设 $\boldsymbol{P}_{1i}$ 和 $\boldsymbol{P}_{2i}(i=1,2,3)$ 分别是 $\boldsymbol{P}_1$、$\boldsymbol{P}_2$ 的 3 个行向量，用齐次坐标表示磨粒表面点 $M_w=(X,Y,Z,1)$ 在相邻帧中的投影分别是 $\boldsymbol{m}'_{w1}=(u_1,v_1,1)$ 和 $\boldsymbol{m}'_{w2}=(u_2,v_2,1)$。磨粒的成像过程可以用式（3-36）表述[26]。

$$s\boldsymbol{m}'=\boldsymbol{K}[\boldsymbol{R}\,|\,\boldsymbol{t}]\boldsymbol{M}=\begin{bmatrix} f_u & 0 & u_0 \\ 0 & f_v & v_0 \\ 0 & 0 & 1 \end{bmatrix}[\boldsymbol{R}\,|\,\boldsymbol{t}]\boldsymbol{M}=\boldsymbol{H}\boldsymbol{M} \tag{3-36}$$

式中　s——比例因子;

　　m'——磨粒表面点在二维图像的坐标;

　　K——显微镜相机的内参矩阵;

　　R——旋转矩阵;

　　t——平移矩阵;

　　M——磨粒表面点的空间坐标;

　　$H = [h_1, h_2, h_3]$;

u_0, v_0——显微镜相机主点坐标;

　　f_u——显微镜相机在 u 轴方向上的有效焦距;

　　f_v——显微镜相机在 v 轴方向上的有效焦距。

由式 (3-36) 可知每一张图像均可以独立得到 3 个线性方程,因此对于每一对匹配关键点而言,均存在以下约束条件:

$$\begin{cases} s_1 m'_{w1} = P_1 M_w \\ s_2 m'_{w2} = P_2 M_w \end{cases} \tag{3-37}$$

方程组 (3-37) 中包含了 6 个方程、5 个未知数,因此通过最小二乘法可求解每对关键点所对应表面点的空间坐标[18]。利用上述算法对图 3-22 中相邻两帧磨粒图像进行重建,获得的空间点云如图 3-24a 所示。为了建立空间点间的关联关系,可应用 Delaunay 三角化算法[27]制定异侧、边使用次数、法向量夹角最大、最小内角最大等约束条件,对磨粒表面的稀疏点云进行网格化处理,结果如图 3-24b 所示。

　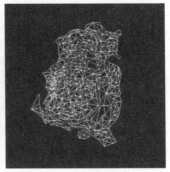

a) 稀疏点云　　　　　　　　　　b) 点云网格化

图 3-24　基于图 3-22 中关键点对重建的磨粒稀疏表面

3.3.3　融合 SfS 的磨粒表面稠密重建

如图 3-24 所示,稀疏重建获得了磨粒的整体轮廓以及表征磨粒表面显著区域的关键点空间位置,但是缺乏磨粒表面的细节特征。这主要是因为用于磨粒表面重建的关键点数量有限。因此,需要在磨粒图像中找到尽可能多的特征点来表征具有不规则特性的磨粒表面。磨粒表面结构细小且缺乏显著纹理,导致基于面片的多视图稠密重建 (Patch-Based Multi-View

Stereo，PMVS）等常规稠密方法[28]无法完成磨粒表面的精细重建。鉴于 SfS 算法能够利用单张图像的亮度变化重建目标在平面图像可视范围内的整体表面形貌[29]，本节介绍一种融合 SfS 进行磨粒表面稠密计算的方法。

3.3.3.1 磨粒表面相对高度求解

磨粒表面凹凸不平，可将其看作表面反射仅由散射光引起的朗伯体反射模型[30]，则磨粒表面点的亮度仅与 LED 光源位置和表面法向量的余弦相关。显微镜相机所拍摄磨粒表面的灰度值则与以下 4 点有关（见图 3-25）：磨粒表面形貌、LED 光源强度和方向、显微镜相机相对磨粒的位置以及磨粒表面的反射性质[12]。

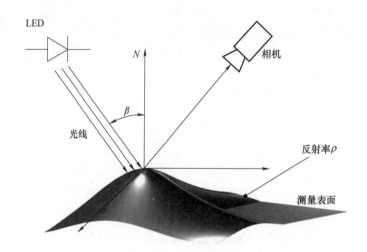

图 3-25　朗伯体反射模型下相机成像模型

假设 LED 光源入射强度为 I，光源入射矢量 $S=(S_x, S_y, S_z)$，磨粒表面反射系数为 ρ，磨粒表面法向量为 $N=(N_x, N_y, N_z)$，LED 光源入射方向 S 与磨粒表面法向量 N 的夹角为 β，磨粒表面的反射光强为 E，则由朗伯体反射模型[31]可得

$$E = I\rho\cos\beta \tag{3-38}$$

设磨粒表面梯度为 (p, q)，LED 光源入射方向分解到梯度方向为 (p_0, q_0)，则磨粒表面的灰度变化满足反射图（见式（3-39））。

$$E(x,y) = \rho I \frac{1+pp_0+qq_0}{\sqrt{1+p^2+q^2}\sqrt{1+p_0^2+q_0^2}} \tag{3-39}$$

式中　$E(x,y)$——图像像素点 (x, y) 的照度。

TSAI 等[32]指出，通过求解上述反射图方程即可获得表面点的相对位置，但是其求解过程需计算 N^2 个等式才能恢复整个表面，计算较为复杂。为简化上述过程，通过雅可比迭代方法得到的式（3-40）[33,34]可用于求解反射图方程，计算磨粒表面点 (x, y) 处的相对高度 $Z(x,y)$。

$$Z^n(x,y) = Z^{n-1}(x,y) + \left[-f(Z^{n-1}(x,y))\right]\left[\frac{\mathrm{d}f(Z^{n-1}(x,y))}{\mathrm{d}Z(x,y)}\right]^{-1} \tag{3-40}$$

假定 $\mathbf{Z}^0(x,y)=0$，表面法向量的初始迭代条件为 $p^0=0$、$q^0=0$，入射光源梯度为 $p_0=0.908$、$q_0=0.908$，通过迭代计算即可恢复磨粒表面点的相对高度，如图 3-26 所示。可以发现，虽然 SfS 算法重构了磨粒在可视范围内的全部表面形貌，但该重建结果仅能反映表面的相对位置，并不能够得到磨粒表面的确切高度。因此，SfS 重建结果仅可用于对 SfM 重构的稀疏点云进行加密。

 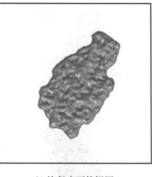 

a) 磨粒亮度图　　　　　　　b) 恢复表面俯视图　　　　　　　c) 恢复表面斜视图

图 3-26　基于 SfS 方法的磨粒表面重建

3.3.3.2　磨粒表面稠密重建策略

稠密重建是以一定的规则增加关键点的数量并确定其空间位置。在 3.3.2 节中，基于 Delaunay 算法已经将稀疏重建的磨粒表面点云建立了空间几何关系，如图 3-24 所示。在此基础上，以三角形网格化的每条边中点作为加密点，根据相似三角形原理计算其空间位置[18]，如图 3-27 所示。具体地，点 A 与点 B 是磨粒网格化空间点云中一条边的两个端点，而点 C 是这条边的中点。这三点同时存在于磨粒二维亮度图中，其对应点 A_1、B_1 和 C_1 的

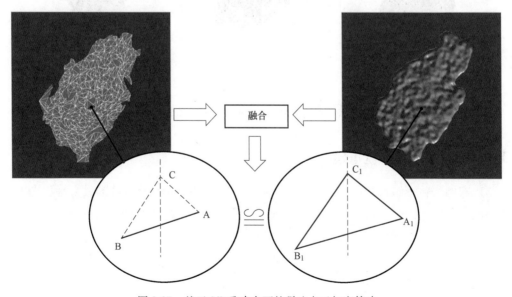

融合

图 3-27　基于 SfS 重建表面的稀疏点云加密策略

相对位置已经由 SfS 方法计算得到。由于点 A 到点 B 的距离极小，且磨粒表面不会发生显著形变，可近似认为由点 A_1、B_1 和 C_1 组成的三角形与点 A、B 和 C 组成的三角形具有相似性。因此，依据相似三角形原理可以唯一地确定点 C 的位置。以此稠密策略为基础，加密磨粒的稀疏点云以恢复其表面的细节特征。

磨粒表面重建不仅是获得磨粒表面的空间立体信息，同时应还原其表面的真实颜色，而纹理添加则是实现磨粒表面颜色恢复的主要技术手段。鉴于此，以原始磨粒图像作为纹理图，将纹理映射在稠密重建的空间点云，重建的磨粒表面如图 3-28 所示。可以发现，重建的磨粒三维表面具有划痕、凹坑等典型形貌特征，而且由于采用了磨粒真实纹理更加具有真实感。

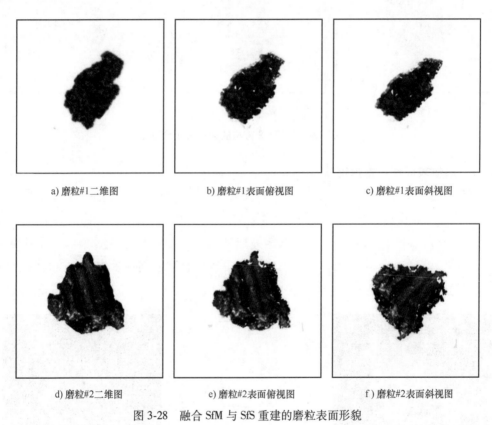

a) 磨粒#1二维图	b) 磨粒#1表面俯视图	c) 磨粒#1表面斜视图
d) 磨粒#2二维图	e) 磨粒#2表面俯视图	f) 磨粒#2表面斜视图

图 3-28　融合 SfM 与 SfS 重建的磨粒表面形貌

3.3.4　磨粒多视角形貌重建

与现有的磨粒三维形貌分析方法相比，运动磨粒表面分步重建方法的最大特色在于能够获取磨粒不同视角的表面形貌，为磨粒的全表面分析奠定了技术基础。以图 3-28a 中磨粒#1为例，从其多视角图像序列中选取与最大面积、最小面积相关的相邻图像，利用"稀疏-稠密"两步重建方法可获得该磨粒不同视角的三维表面，如图 3-29 所示。可以发现，同一个磨粒的表面形貌在不同视角下存在显著差异，因而仅依靠单一视角的三维表面无法表征不规则的磨粒。

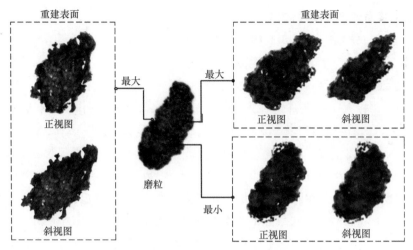

图 3-29   运动磨粒多视角表面重建结果

3.3.5   磨粒表面三维特征提取及评估

3.3.5.1   磨粒表面三维特征提取

传统三维表面表征方法以切割表面的轮廓线为基础，提取轮廓线的算数平均偏差（Ra）、轮廓偏斜度（Rsk）等参数来描述三维表面。此类参数本质为三维表面的二维分析[35]，仅能提供表面轮廓线的高度和间距信息，无法从宏观角度分析整个表面的微观形貌[36]。相比较而言，三维表面参数则从整体上综合评定测试表面的相似度，更能反映其真实形貌[37]。此外，形貌参数是磨粒类型辨识的重要依据，而运动磨粒多视角分析的目标则是通过提供额外的表面表征信息来促进磨粒类型识别。因此，表面形貌参数是量化分析运动磨粒表面分步重建方法精度的重要指标。

Areal 参数体系是由二维轮廓法延伸的三维面域表征方法，从幅度、空间、综合和功能等属性全方位描述三维表面。关于 Areal 参数在 ISO/TC 213 N756[38]进行了详细介绍。在该体系中，幅度参数能够反映表面的形貌变化，而功能参数则表征了表面的特殊性能。鉴于这两类参数在磨粒类型辨识中的重要性，从中选取五个参数用于分析重建的磨粒三维表面，包括：表面均方根偏差（Sq）、表面支承指数（Sbi）、中心液体滞留指数（Sci）、表面高度分布的峭度（Sku）和表面高度分布的偏斜度（Ssk）。每个参数的具体定义见表 3-4。

表 3-4   表面三维表征参数的定义[39]

参数	定义
Sq	采样区域内表面偏离基准面的均方根
Sbi	均方根偏差对支承面积为 5%时表面高度的比率
Sci	表面中心区域的液体滞留性能的表征
Sku	形貌高度分布的峰度和峭度的度量
Ssk	表面偏差相对于基准表面对称性的度量

3.3.5.2 磨粒表面重建精度评估

通常，评价表面重建精度的最佳方法是将一个形貌参数已知的参考物与重建表面进行对比。但是，与其他物体不同，磨粒的表面形貌复杂，且尺寸较小，无法直接测量。因此，需要通过其他标准测试技术获得磨粒的参考表面。

LSCM 作为一种广泛应用的标准化固体表面三维成像设备，其作用已在磨粒表面分析中得到验证[40]。因此，运动磨粒表面分步重建方法与 LSCM 重建同一磨粒特定视角的表面三维形貌，将两者的测量结果进行对比分析。首先，通过磨粒采集装置获取运动磨粒的多视角图像；其次，收集运动磨粒并固定于玻璃基片，通过 LSCM 重建该磨粒的三维表面；最后，选择与 LSCM 重建表面视角相同的磨粒相邻帧图像，利用运动磨粒表面分步重建方法恢复该视角的磨粒表面形貌。两种方法重建的磨粒三维表面如图 3-30 所示。可以发现，运动磨粒表面分步重建方法能够重建磨粒表面的沟槽和凸起等典型特征，并且与 LSCM 重建表面具有较高的相似性。这两种方法在重建表面上存在的颜色偏差可归因于 LSCM 和运动磨粒图像传感器相机的光照和曝光等成像条件不同。

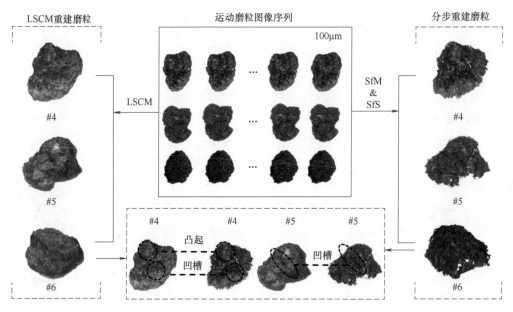

图 3-30 基于 SfM 与 SfS 的磨粒表面分步重建方法验证

表 3-5 为图 3-30 中重建磨粒表面的三维参数对比分析结果。可以发现，运动磨粒表面分步重建方法重建的磨粒#4 和#6 的表面形貌参数与 LSCM 测量结果的相似度高于 85%。虽然磨粒#5 的 Sku 和 Sbi 两个表面参数存在接近 20%的误差，但是所重构表面已经具备了描述磨粒表面典型特征的能力。因此，融合 SfM 与 SfS 的运动磨粒表面分步重建方法能够以较高的精度恢复不规则磨粒表面的三维形貌。更重要的是，该方法可以从运动磨粒不同视角的图像帧中重构 LSCM 无法获得的磨粒其他视角的表面形貌，为磨粒辨识提供更全面的表面分析数据。

表 3-5　运动磨粒表面分步重建方法重构表面与 LSCM 测量结果的表面参数对比

磨粒编号	三维参数	LSCM	SfM&SfS	重建误差（%）
#4	Sq	49.0351	42.6475	13.03
	Sbi	0.5829	0.5746	1.42
	Sci	0.5647	0.5518	2.28
	Sku	0.0276	0.0310	12.32
	Ssk	1.3549	1.3208	2.52
#5	Sq	54.1600	57.6047	6.36
	Sbi	0.5659	0.6771	19.65
	Sci	0.5073	0.4956	2.31
	Sku	0.0275	0.0222	19.27
	Ssk	1.4914	1.2806	14.13
#6	Sq	61.6396	63.1083	0.24
	Sbi	0.5929	0.6785	14.44
	Sci	0.2664	0.2316	13.06
	Sku	0.0227	0.0194	14.54
	Ssk	1.3991	1.2242	12.50

3.4　小结

本章介绍了一种可以进行磨粒多视角图像采集的运动磨粒图像传感器，并结合立体重建技术介绍了磨粒三维空间特征及表面形貌特征的提取方法，为解决现有磨粒图像表征信息缺失的难题提供了解决方案。具体内容如下：首先以液体雷诺数为依据，通过层流态油液中磨粒受力和运动状态分析阐明了磨粒翻转力矩与其粒径大小和流道结构尺寸的关系，并介绍了运动磨粒图像传感器及采集系统的设计方案，实现了磨粒翻滚运动的多视角图像采集；其次以磨粒不同视角的二维特征序列为对象，叙述了基于数据统计的磨粒三维空间特征构造方法，获得了厚度、纵横比、宽厚比、空间直径和球度四个磨粒空间特征；再次介绍了一种基于 SfM 与 SfS 的磨粒表面分步重建方法。该方法首先利用 KLT 算法从磨粒图像中提取关键点对并求解了其空间坐标，实现了磨粒表面显著位置/区域的三维重建；其次结合 SfS 算法制定稠密策略以扩充稀疏点云数量，恢复了磨粒表面形貌的细节特征；最后结合 Areal 参数体系介绍了磨粒表面三维形貌的参数化表征方法，并通过与 LSCM 测量参数比对检验了运动磨粒图像传感器的性能。

参 考 文 献

[1] 彭业萍. 基于多视角特征的在线磨粒识别及其在磨损状态分析中的应用研究 [D]. 西安：西安交通大

学，2017.

［2］金朝铭. 液压流体力学［M］. 北京：国防工业出版社，1994.

［3］WU T H, MAO J H, WANG J T, et al. A new on-line visual ferrograph［J］. Tribology Transactions, 2009, 52（5）：623-631.

［4］吕植勇. 磨粒图像数字化检测方法［M］. 北京：科学出版社，2010.

［5］HARKER J H, BACKHURST J R, RICHARDSON J F. Chemical engineering［M］. UK：Butterworth-Heinemann, 2013.

［6］PENG Y P, WU T H, WANG S, et al. A microfluidic device for three-dimensional wear debris imaging in on-line condition monitoring［J］. Proceedings of the Institution of Mechanical Engineers Part J-Journal of Engineering Tribology, 2017, 231（8）：965-974.

［7］詹永麟. 液压传动［M］. 上海：上海交通大学出版社，1999.

［8］WU T H, WU H K, DU Y, et al. Imaged wear debris separation for on-line monitoring using gray level and integrated morphological features［J］. Wear, 2014, 316（1-2）：19-29.

［9］王金涛. 图像可视在线铁谱传感器的理论和实验研究［D］. 西安：西安交通大学，2006.

［10］PENG Z. An integrated intelligence system for wear debris analysis［J］. Wear, 2002, 252：730-743.

［11］MORA C F, KWAN A K H. Sphericity, shape factor, and convexity measurement of coarse［J］. Cementand Concrete Research, 2000, 30（3）：351-358.

［12］王硕. 面向形态学相似磨粒的表面三维重建及乏样本条件下智能辨识方法研究［D］. 西安：西安交通大学，2021.

［13］CHEN S Y. Kalman filter for robot vision：a survey［J］. IEEE Transactions on Industrial Electronics, 2012, 59（11）：4409-4420.

［14］WU T H, PENG Y P, Wang S, et al. Morphological feature extraction based on multiview images for wear debris analysis in on-line fluid monitoring［J］. Tribology Transactions, 2017, 60（3）：408-418.

［15］ASTM International. Standard practice for characterization of particles：F1877-2005［S］. Pennsylvania：ASTM, 2010.

［16］WU T H, PENG Y P, DU Y, et al. Dimensional description of on-line wear debris images for wear characterization［J］. Chinese Journal of Mechanical Engineering, 2014, 27（6）：1280-1286.

［17］WILLIAMS J A. Wear and wear particles-some fundamentals［J］. Tribology International, 2005, 38：863-870.

［18］WANG S, WU T H, WANG K P, et al. 3-D Particle surface reconstruction from multiview 2-D images with structure from motion and shape from shading［J］. IEEE Transactions on Industrial Electronics, 2021, 68（2）：1626-1635.

［19］JANG W, OH S, KIM G. A hardware implementation of pyramidal KLT feature tracker for driving assistance systems［C］. International IEEE Conference on Intelligent Transportation Systems, Louis, USA, 2009：1-6.

［20］LUCAS B D, KANADE T. An iterative image registration technique with an application to stereo vision［C］. International Joint Conference on Artificial Intelligence, Vancouver, Canada, 1981：674-679.

［21］SINHA S N, FRAHM J, POLLEFEYS M, et al. Feature tracking and matching in video using programmable graphics hardware［J］. Machine Vision and Applications, 2011, 22：207-217.

［22］关琦. 基于谱聚类的 3D 空间轨迹聚类算法研究 ［D］. 西安：长安大学，2017.

［23］Hartley R. In defence of the 8-point algorithm ［C］. Proceedings of IEEE International Conference on Computer vision, Cambridge, USA, 1995：1064-1070.

［24］唐丽. 由手提相机获得的序列图像进行三维重建 ［D］. 西安：西安电子科技大学，2003.

［25］彭科举. 基于序列图像的三维重建算法研究 ［D］. 长沙：国防科学技术大学，2012.

［26］HARTLEY R, ZISSERMAN A. Multiple view geometry in computer vision ［D］. UK：Cambridge University，2000.

［27］SU T Y, WANG W, LV Z H, et al. Rapid delaunay triangulation for randomly distributed point cloud data using adaptive Hilbert curve ［J］. Computers & Graphics, 2016, 54：65-74.

［28］FURUKAWA Y, PONCE J. Accurate, dense, and robust multiview stereopsis ［J］. IEEE Transactions on Pattern Analysis and Machine Intelligence, 2010, 32 (8)：1362-1376.

［29］HORN B K. Height and gradient from shading ［J］. International Journal of Computer Vision, 1990, 5 (1)：37-75.

［30］WANG S, WU T H, YANG L F, et al. Three-dimensional reconstruction of wear particle surface based on photometric stereo ［J］. Measurement, 2019, 133：350-360.

［31］RIDLER T W. Picture thresholding using an iterative selection method ［J］. IEEE Transactions on Systems, Man, and Cybernetics, 1978, 8 (8)：630-632.

［32］ZHANG R, TSAI P S, CRYER J E, et al. Shape-from-shading：a survey ［J］. IEEE Transactions on Pattern Analysis and Machine Intelligence, 1999, 21 (8)：690-706.

［33］朱爱斌，胡浩强，何大勇，等. 采用频域融合方法的砂轮刀具磨损三维重构技术 ［J］. 西安交通大学学报，2015，49 (5)：82-86.

［34］ROUY E, TOURIN A. A viscosity solutions approach to shape-from-shading ［J］. SIAM Journal on Numerical Analysis, 1992, 29 (3)：867-884.

［35］SMITH M W, CARRIVICK J L, HOOKE J, et al. Reconstructing flash flood magnitudes using 'structure-from-motion'：a rapid assessment tool ［J］. Journal of Hydrology, 2014, 519：1914-1927.

［36］DONG W P, SULLIVAN P J, STOUT K J. Comprehensive study of parameters for characterization 3-D surface topography ［J］. Wear, 1994, 178 (1)：29-60.

［37］CARNEIRO K, JENSEN C P, JØRGENSEN J F, et al. Roughness parameters of surface by atomic force microscopy ［J］. CIRP Annals, 1995, 44 (1)：517-522.

［38］New work item proposal. Kolle-gievej 6, DK-2920 Charlottenlund：ISO/TC 213N 756 ［S］. Denmark：ISO/TC 213, 2005.

［39］PENG Z X, WANG M L. Three dimensional surface characterization of human cartilages at a micron and nanometre scale ［J］. Wear, 2013, 301 (1-2)：210-217.

［40］PENG Z X, KIRK T B. Computer image analysis of wear particles in three-dimensions for machine condition monitoring ［J］. Wear, 1998, 223 (1-2)：157-166.

第 4 章　典型磨粒类型的智能辨识模型

失效磨粒类型辨识是设备磨损机理分析及故障诊断的基础，而磨粒形态是类型辨识的信息载体，因而基于磨粒图像的形态学特征分析成为磨粒类型辨识的核心内容。借鉴机器学习等智能算法，国内外学者创建了多种磨粒类型识别智能体，包括模糊理论、神经网络、支持向量机、决策树和专家系统等。但是，磨粒类型多、样本数量少、特征分布离散度大，导致磨粒类型的精确辨识，尤其是形态学相似磨粒的识别准确率低。随着三维磨粒图像的获取，磨粒类型辨识逐渐从基本的二维特征向三维特征迁移，高维表面信息提取已经成为提升辨识算法的发展趋势。

本章结合磨粒产生机理分析了磨粒形态与摩擦副磨损状态的映射关系，介绍一种典型失效磨粒类型的分层辨识模型的构建方法。首先，考虑到失效磨粒表面样本匮乏、采集周期长的难题，以条件生成对抗网络（Conditional Generative Adversarial Network，CGAN）为基础建立典型失效磨粒样本扩增模型，获得失效磨粒仿真样本库；其次，结合磨粒二维特征优选与BP 神经网络构建磨粒类型辨识模型，进行形状显著磨粒类型辨识；最后，以磨粒表面三维形貌作为输入，融合磨粒分析知识与深度学习建立知识指导的 CNN 辨识模型，实现形态学相似磨粒类型的准确辨识。

4.1　典型失效磨粒分层辨识策略

考虑到磨粒种类多、形貌复杂、样本少的难题（见 1.2.3 节），结合磨粒产生机理以及形态特征，通过统计分析磨粒的形状、纹理、形貌等特征参数，介绍分层次、加参数、多方法融合的典型磨粒辨识方法[1,2]，其主要辨识策略为：

1）以石化工艺中挤压造粒机产生的典型失效磨粒作为对象，结合 CGAN 网络建立典型磨粒图像的小样本扩增模型，扩充典型失效磨粒图像数据库，为后续磨粒类型识别提供足够的训练数据。

2）分析磨粒产生机理与其形态特征的映射关系，建立融合形状、尺寸、纹理三属性多特征的磨粒二维表征体系，进而结合 BP 神经网络构建磨粒类型自动辨识模型，实现具有显著特征的正常磨粒、切削磨粒以及球状磨粒的准确识别。

3）以磨粒分析知识和三维形貌作为输入，建立知识指导的 CNN 相似磨粒辨识模型，采用知识指导辨识模型以定位图像典型磨粒特征，提高严重滑动、疲劳剥落等形态学相似磨粒的辨识精准度。

具体的辨识策略如图 4-1 所示。

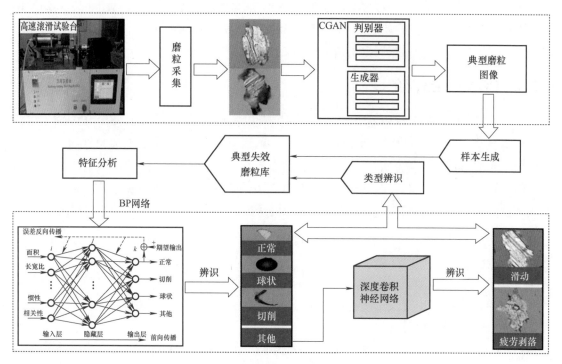

图 4-1　典型磨粒类型分层辨识模型

4.2　失效磨粒 CGAN 样本扩增

为了获得高的精度，采用神经网络等模型进行磨粒类型辨识时通常需要大量的数据样本，因此，失效磨粒的样本数量直接决定了辨识算法的精度。然而，一台设计良好的设备在实际应用过程中极少发生故障，产生疲劳剥落等严重故障将需要数周甚至更长的时间。此外，相对运动摩擦副的任一磨损阶段均会产生大量不同类型的磨粒，导致疲劳剥落和严重滑动磨粒会与其他磨粒混合在一起，因此在显微镜下人工收集这些典型失效磨粒极其困难。这些因素的共同作用导致可用于磨粒分析的样本数量极少。这种情况会削弱辨识模型的泛化能力，使其产生过拟合（Over-Fitting），具体表现为：模型在训练集上辨识精度高而在实际测试集上性能差[3]。通过图像相似性变换可以实现磨粒图像的样本扩充，从而满足辨识模型训练的需求。然而，传统的图像数据扩充方法仅通过对现有样本进行简单的变换，如翻转、旋转、缩放、添加噪声等手段达到增加样本数量的目的[4]，虽然能够将样本数量成倍扩充，但生成的样本与原始图像具有相似的分布特征。特别是，当原始样本数量极少时，扩充后的图像与原始样本差异性很小，同样无法避免辨识网络过拟合。

由 1.2.3 节可知，当磨粒的表面具备凹坑、划痕等典型特征时，可定性地认为这些磨粒具有疲劳剥落或者严重滑动失效特征。因而，典型失效磨粒样本库可以通过生成具有凹坑、划痕等特征的三维表面来进行扩充。考虑到磨粒表面的细节特征较多，无参数输入的 CGAN 网络可用于构建具有指定特征的失效磨粒样本扩增模型。与传统生成模型不同，CGAN 网络[5,6]通过生成器与判别器交替对抗训练以获得接近真实目标的图像样本，该网络还可以通过施加约束以生成具有指定特征的高质量图像。

4.2.1 CGAN 网络简介

CGAN 网络包含判别器和生成器[7]。生成器 G 以标签数据 z 和真实样本 x 作为输入生成仿真样本 y，三者之间的映射关系为 $G:\{x,z\} \to y$，其中，标签 z 通过施加额外约束来促使生成器生成的仿真样本与真实样本尽可能相似。判别器 D 的功能为辨别仿真样本与真实样本。CGAN 的目标函数如式（4-1）所示。生成器 G 和判别器 D 分别以极小化、极大化该目标函数的博弈方式进行训练，优化 CGAN 的网络参数以生成与真实图像相接近的仿真样本。

$$V_{CGAN} = \arg \min_G \max_D V_{GAN}(G,D) + \lambda V_{L1}(G) \tag{4-1}$$

式中 $V_{L1}(G)$ ——L1 损失函数；

$V_{GAN}(G,D)$ ——生成对抗损失函数，表达式为

$$V_{GAN}(G,D) = E_{x,y \sim (x,y)}[\log D(x,y)] + E_{x \sim p(x),z \sim p(z)}[\log(1-D(x,G(x,y)))] \tag{4-2}$$

CGAN 网络的具体结构包括：

1）生成器。为使生成图像更接近于真实样本，生成器采用 U-Net 网络[8]在输入和输出间直接共享图像特征信息。该网络在各级计算层间采用长跳跃结构，促使图像编码过程中的高像素特征与解码器的新特征融合，尽可能地提高生成图像的精度。

2）判别器。不同于生成器，判别器是一个仅由深度卷积网络组成的编码器，其特点为 Patch-GAN 结构[7]。判别器以每个 $N \times N$ 图像块为分析对象，利用所有块真实性的平均值作为最终输出。Patch-GAN 结构的引入降低了 CGAN 网络的输入维度，提高了其运算速度。

3）CGAN 网络的训练方式为：生成器与判别器交替训练。训练判别器时，根据真实图像与生成图像的辨识误差修正判别器的网络参数；训练生成器时，通过判别器辨识结果、生成图像与真实图像间差异优化生成器的网络参数。两者不断地对抗训练，提高生成图像和目标图像的相似度。

4.2.2 典型失效磨粒二维表征及样本标签制作

1. 磨粒三维表面的表现形式分析

研究表明[9-11]，在特定生成机理的作用下，不同类型的磨粒具有独特的形态特征，见表 1-2。由于正常、球状和切削等磨粒具有明显的形状差异，基于二维平面特征的辨识模型可实现这三类磨粒的高精度判别[1,2]。与这些磨粒相比，严重滑动磨粒和疲劳剥落磨粒的形状、尺寸等形态学特征具有高相似性，其辨识精度仍需进一步提高。如图 4-2 所示，此两类磨粒具有不规则的形状特征，但是它们的表面形貌却各具特点，其中疲劳剥落磨粒表面存在凹坑，而严重滑动磨粒表面则具有划痕。可见，这两类磨粒的显著区别在于表面形貌，而非尺寸、形状或者颜色差异。因此，只有采用表面三维信息才足以提升这两类磨粒的辨识精

度。然而，高维度信息意味着需要使用结构更复杂、参数更多的分类模型才能满足分析处理需求[12,13]，而复杂的分类模型则必须依赖充足的训练样本来优化其结构。虽然研究人员试图通过少量三维参数表征磨粒表面[14]，以达到降低分析数据维度的目的，但是人工设计的参数种类繁多且具有不完整性，难以建立有效的参数空间来描述相似磨粒的表面差异。鉴于失效磨粒表面的复杂性，本节介绍一种基于磨粒三维表面的二维映射方法[15]。

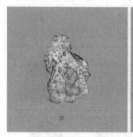   

a) 疲劳剥落磨粒　　　b) 疲劳剥落磨粒　　　c) 滑动磨粒　　　d) 滑动磨粒

图 4-2　典型失效磨粒图像

三维形貌的二维映射方法主要包括：等高线图与深度图[16]。等高线图是将磨粒表面高度相同的点集映射到基准面，利用闭合曲线集表示磨粒表面的形貌起伏和高度变化，其中同一曲线反映磨粒表面同样的高度，而不同高度的曲线相互独立、不会相交。深度图则是通过将磨粒表面与基准面间距离投影所形成的灰度图像，其每个像素点的灰度值反映磨粒表面点与基准面的距离。图 4-3 分别采用等高线图与深度图对磨粒表面三维形貌的映射结果。

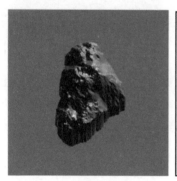 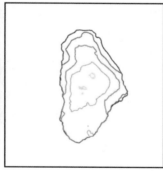 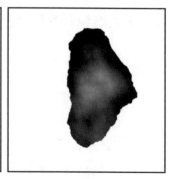

a) 表面形貌图　　　　　　b) 等高线图　　　　　　c) 深度图

图 4-3　磨粒表面形貌的二维映射

可以发现，等高线图只能稀疏地反映磨粒表面的整体变化，而深度图则通过图像灰度的变化全面刻画了磨粒表面的形貌变化，同时降低了数据处理维度。因此，深度图更适合作为磨粒表面三维形貌的二维映射方式，所生成的磨粒高度映射图作为后续磨粒表面的分析对象。

2. 典型磨粒样本标签制作

样本标签 z 可以为 CGAN 模型添加约束条件，对于样本数据生成过程具有重要的指导作用。显然，基于磨粒产生机理的样本标签制作方法更能表征磨粒表面的真实特征。根据磨粒分析知识可知[2]，疲劳剥落磨粒表面光滑带有凹坑，而严重滑动磨粒表面的主要特征为划痕。以此为依据，从磨粒高度映射图中进行失效磨粒的样本标签的制作，具体方法为：将严重滑动磨粒高度映射图简化为表征划痕与凸起的蓝色、绿色平行直线以及代表无典型特征的灰色区域；而将疲劳剥落磨粒则简化为表征凹坑的褐色区域与代表无典型特征的灰色区域。此外，通过边缘检测算法提取磨粒边缘，并以红色曲线表示。失效磨粒高度映射图的样本标签制作和部分 CGAN 网络训练样本如图 4-4 所示。

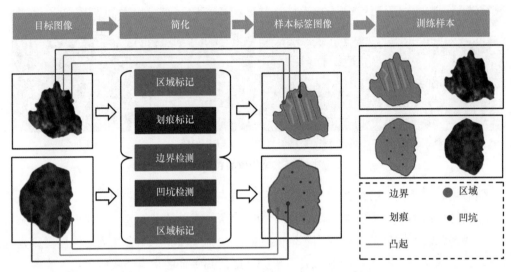

图 4-4　磨粒样本标签制作和部分 CGAN 网络训练样本

4.2.3　失效磨粒样本扩增模型

作为性能优良的图像生成器，CGAN 网络已在人脸生成、室内外场景重建等领域取得大量成果[17]。然而，磨粒图像不同于已有的自然图像，该图像为灰度图，颜色信息少，但是却包含有丰富的磨粒表面细节特征。这种情况会导致 CGAN 网络在应用于磨粒图像生成任务时效率有所降低。因此，本节介绍了一种通过优化 CGAN 网络判别器结构和目标函数构建的失效磨粒样本扩增模型[15,16]。

1. CGAN 网络判别器设计

CGAN 网络通过生成器与判别器相互对抗提高仿真样本的真实性。判别器作为分类网络，其功能为正确地辨别仿真样本与真实样本[7]。然而，磨粒高度映射图为灰度图像，仅包含少量的颜色信息，会导致原 CGAN 判别器的网络过于庞大，降低生成器的学习速率。针对此问题，CGAN 失效磨粒样本扩增模型[16]重新设计了判别器的网络结构，具体如下。

考虑到磨粒高度映射图的颜色特征少，CGAN 失效磨粒样本扩增模型[16]减少了判别器的网络层数，选择四层卷积层作为判别器的基本结构，其卷积核的尺寸为 3×3。为了抑制学习梯度消失，在判别器的第二层和第三层卷积层引入批规范化（Batch_Normalization，BN）层[18]。BN 层对每一个小批量进行标准化，加速判别器收敛。但是，原始的判别器中线性整流（Rectified Linear Unit，ReLU）激活函数将所有负值都归零，导致卷积核在负区间内无法更新参数。为此，CGAN 失效磨粒样本扩增模型引入 Leaky-ReLU[19]（Lrelu）作为新判别器的激活函数，并给予其一个 0.2 的变化速率，保证卷积核在负区间内继续更新学习。CGAN 失效磨粒样本扩增模型判别器的具体结构如图 4-5 所示。

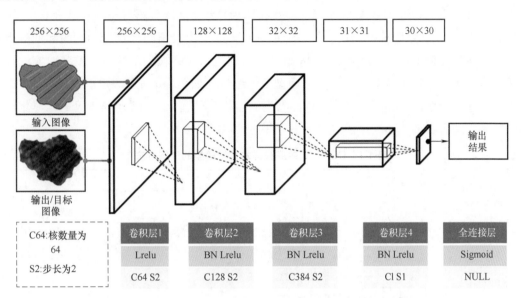

图 4-5　CGAN 失效磨粒样本扩增模型的判别器结构示意图

2. CGAN 网络目标函数设计

目标函数是仿真图像与真实图像间相似误差的表征，合适的损失函数能够促使生成图像持续逼近真实值。加州大学伯克利分校的 Isola 等[7]证明：在 CGAN 目标函数中加入 L1、L2 等函数能够增强 CGAN 模型的性能。例如结合 L1 函数，目标函数会促使 CGAN 模型生成的仿真样本更接近于真实样本。但是，L1 函数在零点附近时梯度不平滑，可能在极小值点处振荡。由于磨粒表面具有丰富的微小细节特征，采用 L1 函数构建目标函数可能导致 CGAN 模型无法快速逼近极值点。针对此问题，研究人员利用 L2 函数对 L1 函数进行优化，设计了 Smooth_L1 函数[20]，其定义如下：

$$\text{Smooth\_L1} = \begin{cases} 0.5x^2 & |x|<1 \\ |x|-0.5 & \text{其他} \end{cases} \tag{4-3}$$

Smooth_L1 函数同时具备了 L1 和 L2 函数的优点。当函数值处于 [−∞，−1] 或 [1，+∞] 时，Smooth_L1 函数的学习速率与 L1 函数相同，此时模型参数能够得到快速更新。当损失值处于 [−1，1] 时，与 L2 函数相同，Smooth_L1 函数的梯度下降比较缓慢，不至于在极值点附近来回振荡。因此，CGAN 失效磨粒样本扩增模型将 Smooth_L1 函数与原模型中生成对抗损失函数相结合，作为其目标函数，其数学表达式为

$$V_{\text{CGAN}} = \arg \min_G \max_D V_{\text{GAN}}(G,D) + \lambda V_{\text{S\_L1}}(G) \tag{4-4}$$

通过上述措施，即以原有的 U-Net 网络作为生成器，采用四层卷积层、批规范化层和 Lrelu 激活函数构建判别器，结合 Smooth_L1 与生成对抗损失函数设计新的目标函数，形成了 CGAN 失效磨粒样本扩增模型。

4.2.4 失效磨粒样本扩增模型验证

CGAN 失效磨粒样本扩增模型以表 4-1 中标准方法训练，其判别器和生成器交替执行梯度下降。磨粒样本扩增模型选择 Adam 梯度下降法作为优化器，学习速率为 0.0002[16]。初始样本为 12 组从四球摩擦磨损试验机与轴承试验台油液中收集的严重滑动磨粒和疲劳剥落磨粒，并通过图像平移、旋转扩展至 48 组样本。利用这些磨粒高度映射图及其对应的样本标签图像训练 CGAN 失效磨粒样本扩增模型，训练过程如图 4-6 所示。可以发现，在 CGAN 失效磨粒样本扩增模型训练早期，判别器与生成器相互对抗，判别器损失上升的同时生成器损失下降，两者在第 300 次迭代时趋于平稳并达到稳定。

表 4-1　CGAN 失效磨粒样本扩增模型的训练方法

初始化　学习率：0.0002，迭代次数：400

for 迭代次数 do
for *k* steps do
　● 从输入图像样本库中选择 *m* 个样本
　● 从目标图像样本库中选择 *m* 个样本
　● 计算判别器的损失函数
　● 利用 Adam 梯度下降法更新判别器的网络参数
end for
　● 从输入图像样本库中选择 *m* 个样本
　● 计算生成器的损失函数
　● 利用 Adam 梯度下降法更新生成器的网络参数
End

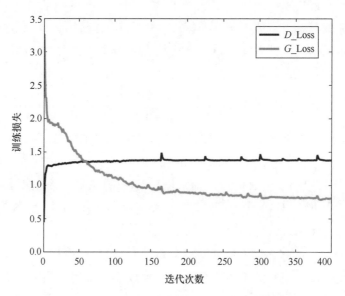

图 4-6　CGAN 失效磨粒样本扩增模型的训练过程

（注：*D*_Loss 表示判别器损失，*G*_Loss 表示生成器损失。）

以 4.2.2 节中样本标签制作方法为参考，通过标记失效磨粒二维图像中的典型特征制作 100 组样本标签图像。这种方式能够确保生成的磨粒三维表面与真实磨粒具有相同的典型形貌分布。采用训练后的 CGAN 模型对样本标签图像进行处理，生成仿真磨粒表面。由样本标签图像生成磨粒三维表面的平均耗费时间为 0.8s，部分生成结果如图 4-7 所示。可以发现，CGAN 失效磨粒样本扩增模型生成的表面具有凹坑、划痕等典型磨粒特征，并且这些特征的位置与样本标签图像中定义位置一致，而未经定义的区域则由该模型自动生成。总体而言，生成的磨粒表面整体保持较为清晰和合理。

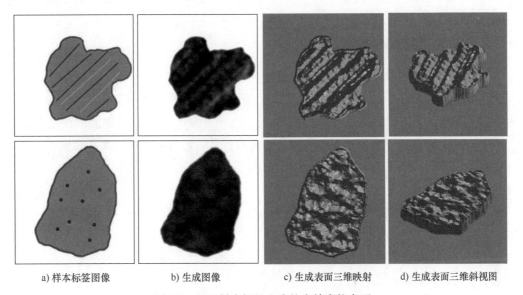

a) 样本标签图像   b) 生成图像   c) 生成表面三维映射   d) 生成表面三维斜视图

图 4-7 基于样本标签生成的失效磨粒表面

为了定量评估 CGAN 失效磨粒样本扩增模型，从 Areal 表征体系的幅度参数和功能参数中引入三维参数对生成磨粒表面与真实表面的相似度进行对比分析，结果如图 4-8 所示。可

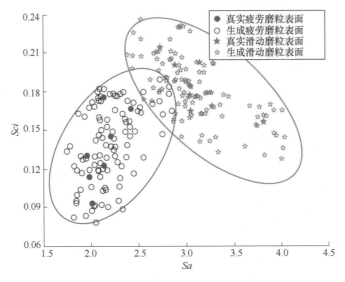

图 4-8 真实磨粒和生成磨粒的表面参数对比

以发现，仿真磨粒表面参数分布于真实磨粒表面参数的邻域内，并且每个生成表面的参数值各不相同。这表明，CGAN 失效磨粒样本扩增模型可以根据样本标签图像中标记特征生成独特的磨粒表面。考虑到疲劳剥落和严重滑动磨粒通常利用凹坑和划痕等典型形貌特征定性判别，CGAN 失效磨粒样本扩增模型可以被认为是一种有效的磨粒表面生成方法，能够生成用于典型失效磨粒辨识模型训练的表面样本。

4.3 基于 BP 神经网络的显著磨粒类型辨识

4.3.1 磨粒关键特征参数筛选

基于磨粒图像所提取的特征参数能够反映出不同磨粒的类型，见表 1-2。从磨粒的形态及尺寸角度出发，面积、长径比（长/宽）以及圆度特征能够有效地表征正常磨粒、切削磨粒以及球形磨粒。表 1-2 中所示的疲劳剥落磨粒和严重滑动磨粒具有相似的尺寸和形状特征，因此从表面纹理角度出发，利用灰度共生矩阵计算一组能够描述图像中像元变化规律的统计学参数，获得能量、熵、相关性、惯性矩四个纹理特征，表征磨粒的纹理方向性、粗糙程度、相关程度纹理信息。各个特征的定义如下[21]。

1）面积：用于衡量磨粒尺寸，可用于判别尺寸较小的正常磨粒，其计算公式为

$$A = N\lambda \tag{4-5}$$

式中　N——磨粒图像像素点个数；

　　　λ——单个像素点实际尺寸。

2）长径比：表征磨粒的长轴与短轴的比值，其中长轴和短轴分别为磨粒等效椭圆的长轴和短轴，可用于判别细长型的切削磨粒，如图 4-9 所示，其计算公式为

$$AR = \frac{a}{b} \tag{4-6}$$

式中　AR——磨粒长径比值；

　　　$2a$——磨粒长轴尺寸；

　　　$2b$——磨粒短轴尺寸。

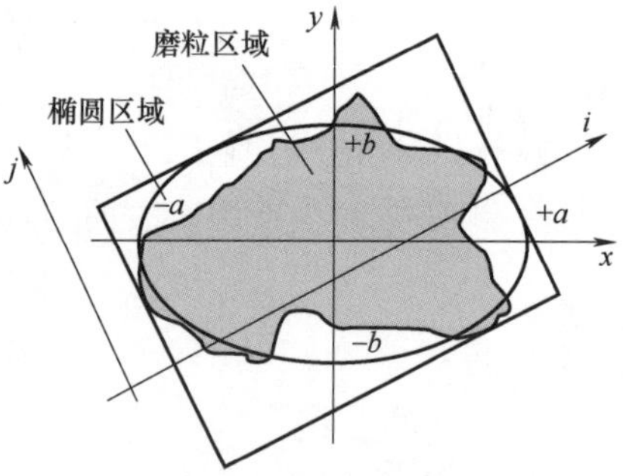

图 4-9　磨粒等效椭圆示意图

3）圆度：表征磨粒接近圆的程度，可用于判别球形磨粒，磨粒越圆其值就越接近 1，其计算公式为

$$R = \frac{A}{\pi a^2} \tag{4-7}$$

4）能量：用于表征灰度图像中像素分布的均匀程度以及图像中纹理的粗细程度，纹理越粗糙，能量越大，其计算公式为

$$W_1 = \sum_{i=0}^{l} \sum_{j=0}^{l} p^2(i,j,d,\theta) \tag{4-8}$$

式中　$p(i, j, d, \theta)$——灰度共生矩阵中的元素值；

　　(i, j)——像素点在灰度共矩阵中的位置；

　　d——像元距离；

　　θ——纹理方向，一般为 0°、45°、90°或 135°。

5）惯性矩：表征纹理的清晰程度，图像越清晰，相邻像素对应的灰度差别就越大，惯性矩就越大，其计算公式为

$$W_2 = \sum_{i=0}^{l-1} \sum_{i=0}^{l-1} (i-j)^2 p^2(i,j,d,\theta) \tag{4-9}$$

6）相关性：反映灰度共生矩阵元素在行或列方向上的相似程度，如果磨粒的某方向上纹理性较强，则该方向的相关性将大于其他方向的值，其计算公式为

$$W_3 = \sum_{i=0}^{l-1} \sum_{j=0}^{l-1} (i \times j \times p(i,j,d,\theta) - u_1 \times u_2)/(d_1^2 \times d_2^2) \tag{4-10}$$

式（4-10）中

$$u_1 = \sum_{i=0}^{l-1} i \sum_{j=0}^{l-1} p(i,j) \tag{4-11}$$

$$u_2 = \sum_{i=0}^{l-1} j \sum_{j=0}^{l-1} p(i,j) \tag{4-12}$$

$$d_1 = \sum_{i=0}^{l-1} (i-u_1)^2 \sum_{j=0}^{l-1} p(i,j) \tag{4-13}$$

$$d_2 = \sum_{i=0}^{l-1} (j-u_1)^2 \sum_{j=0}^{l-1} p(i,j) \tag{4-14}$$

7）熵：表示图像纹理的复杂程度，可用于衡量磨粒图像中像素点分布的随机性。纹理越复杂，熵越大（无纹理时熵为 0），其计算公式为

$$W_4 = \sum_{i=0}^{l-1} \sum_{j=0}^{l-1} p(i,j,d,\theta) \times \lg(p(i,j,d,\theta)) \tag{4-15}$$

选取五类典型磨粒各 43 个建立样本库，计算上述所选磨粒特征参数值。表 4-2 列出了各类磨粒计算所得到的特征参数均值，各种特征参数可用于神经网络的优化训练。

表 4-2　五类典型磨粒各特征参数均值

特征参数	磨粒类型				
	正常磨粒	切削磨粒	球形磨粒	疲劳剥落磨粒	严重滑动磨粒
面积/μm²	52.16	241.78	127.29	544.19	447.70
圆度	0.69	0.09	0.92	0.64	0.66
长径比	1.43	10.26	1.06	1.61	1.62
能量	0.38	0.59	0.18	0.22	0.22
熵	1.63	1.23	2.22	2.40	2.28
惯性矩	0.52	0.97	2.18	0.54	0.50
相关性	0.90	0.10	0.04	0.19	0.28

4.3.2 形状显著磨粒的类型辨识

如图 4-10 所示，BP 神经网络主要包括输入层、隐含层和输出层，且层与层之间通过权值互相连接。由 Kolmgorov 定理可知，当隐含层神经元数目满足条件 $D \geqslant 2M+1$（M 为输入神经元数目）时，3 层的 BP 神经网络可以精确实现任意的连续映射，因此通过设置合适的隐层神经元数目，采用所提取的磨粒特征作为输入量与磨粒类型作为输出量，通过 BP 神经网络可学习出两者之间的非线性映射关系，实现磨粒的分类识别[2,21,22]。具体步骤如下所示：

1）初始化，随机给定各连接权值及阈值。

2）由给定的输入输出模式对计算隐层、输出层各单元输出。

3）计算新的连接权值及阈值。

4）更新学习输入模式并重新执行第 2 步训练 BP 神经网络，直到最终输出误差达到所设定的值时结束训练。

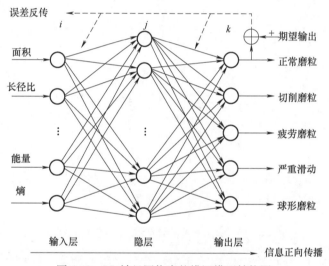

图 4-10　BP 神经网络磨粒辨识模型结构图

BP 神经网络磨粒辨识模型的结构如图 4-10 所示，输入层为表 4-2 所选择的特征参数；输出层节点数根据所选的输入参数可做相应的调整，共分为五类，分别为正常磨粒、切削磨粒、球形磨粒、疲劳剥落磨粒、严重滑动磨粒。输入向量经过 BP 神经网络计算输出，对照表 4-3 便可以判别磨粒类型。

表 4-3　BP 神经网络磨粒辨识模型输出表

输出	输出 01	输出 02	输出 03	输出 04	输出 05
正常磨粒	1	0	0	0	0
球形磨粒	0	1	0	0	0
切削磨粒	0	0	1	0	0
疲劳剥落磨粒	0	0	0	1	0
严重滑动磨粒	0	0	0	0	1

4.3.3 磨粒类型辨识结果分析

为检验 BP 神经网络磨粒辨识模型的有效性，从磨粒数据库中挑选取 215 个磨粒作为训练样本，52 个磨粒作为测试样本（注：严重滑动与疲劳剥落磨粒各 11 个；其他磨粒各 10 个），选用面积、长径比、圆度、能量、熵、相关性、惯性矩这七个特征作为输入参数，其分类结果见表 4-4。

表 4-4 BP 神经网络磨粒辨识模型的五类磨粒分类结果

磨粒类型	正确识别	错误识别	识别率（%）
正常磨粒	8	2	80
球形磨粒	9	1	90
切削磨粒	10	0	100
疲劳剥落磨粒	5	6	45.5
严重滑动磨粒	4	7	36.4

由表 4-4 可知，BP 神经网络磨粒辨识模型实现了正常、球状和切削等形状显著磨粒的精准辨识，但对疲劳剥落磨粒和严重滑动磨粒的识别精度较低，其主要原因在于疲劳剥落与严重滑动磨粒表面纹理具有相似性，且人工所提取的特征参数具有局限性。针对此问题，研究人员将疲劳剥落与严重滑动磨粒划归为一类（即其他磨粒），对 BP 神经网络磨粒辨识模型重新进行训练与测试，得到的识别结果见表 4-5。可以发现，疲劳剥落磨粒与严重滑动磨粒所属的其他磨粒类型均能准确识别，磨粒平均辨识准确率得到显著提高。

表 4-5 BP 神经网络磨粒辨识模型的四类磨粒分类结果

磨粒类型	正确识别	错误识别	识别率（%）
正常磨粒	8	2	80
球形磨粒	9	1	90
切削磨粒	10	0	100
其他磨粒	22	0	100

4.4 基于二维图像的 CNN 形态学相似磨粒辨识模型

疲劳剥落磨粒和严重滑动磨粒作为异常大磨粒，是设备摩擦副典型磨损机理的表征，但是由于形态学相似及参数表征效率低导致其辨识准确率较低。针对此问题，CNN 模型可以直接采用二维图像作为网络输入，而不用人工预先提取特征，为解决此类问题提供了一种有效途径。与传统的有参数分类模型相比，CNN 模型对于严重滑动与疲劳剥落这类形态学相似磨粒的辨识具有独特优势，其所提炼特征的表征、映射性能更优[16]。为此，本节以磨粒二维图像为基础，介绍一种形态学相似磨粒的 CNN 辨识模型，实现疲劳剥落和严重滑动磨粒的类型辨识。

4.4.1 形态学相似磨粒的 CNN 辨识模型

CNN 模型是计算机视觉领域中应用最广的深度学习模型，相比于 BP 神经网络，该模型具有多层神经网络，且层与层之间的神经元采用部分连接而非全连接的方式[23]。此外，CNN 模型能够直接对图像进行特征提取而不需要人工特征参数的输入，通过权值共享以及稀疏连接的网络结构特点有效地降低了训练参数数量，从而将图像的特征提取与模式识别有机结合，达到分类识别的目标。

作为 CNN 模型代表，LeNet-5 网络由 Yann LeCun 教授于 1998 年提出，是第一个成功应用于数字识别问题的卷积神经网络。与 AlexNet、GoogleNet、ResNet 等模型[24,25]相比，LeNet-5 网络拥有较小型的卷积层架构，结构复杂度和时间复杂度均较低，其模型架构如图 4-11 所示。鉴于此，本节以 LeNet-5 网络架构为基础，介绍形态学相似磨粒的 CNN 辨识模型[21]。

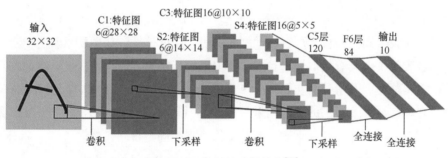

图 4-11　LeNet-5 网络架构[12]

1. 磨粒图像预处理

一幅磨粒图像中可能同时存在多种类型的磨粒，且深度学习框架需要大量的同类型磨粒图像作为训练样本，因此需要对原始磨粒图像进行预处理，以获得充足的典型磨粒图像，具体方法如下。

首先，利用大津阈值法（OTSU）[26]从原始图像中提取疲劳剥落和严重滑动磨粒，部分分割后的磨粒图像如图 4-12 所示。其次，考虑到原始磨粒图像尺寸过大（1600×1200 像素）易导致网络结构参数过多，而尺寸过小不利于从磨粒图像中提取足够的表征特征，将磨粒图像尺寸归一化为 240×240 像素，以保证 CNN 的输入向量一致。最后，由于实际企业中典型磨粒数量较少，通过随机翻转、移位、剪切、放大等方法[27]，将现有磨粒图像从 1 张扩展到 5 张，以满足形态学相似磨粒的 CNN 辨识模型对大量训练样本的要求。单个磨粒的扩展图像如图 4-13 所示。

2. LeNet-5 网络结构优化

最初的 LeNet-5 网络是为识别相对简单的 32×32 像素的数字图像（如数字 0 的图像）而

a) 疲劳剥落磨粒

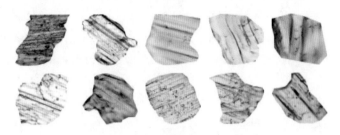

b) 严重滑动磨粒

图 4-12　部分训练样本磨粒图片

图 4-13　单个磨粒扩展后的图片集

设计的。与数字图像不同，磨粒图像的尺寸为 240×240 像素，且磨粒纹理比数字图像更复杂。此外，LeNet-5 网络所需识别的类型数目也不一致。因此，形态学相似磨粒的 CNN 辨识模型需要对原始 LeNet-5 网络中各层参数进行优化，以适应形态学相似磨粒的类型辨识需求，主要改进如下：

1）增加整流线性单元（Rectified Linear Unit，ReLU）激活函数：采用 ReLU 激活函数[28]代替传统的 Tanh 和 Sigmoid 激活函数。与其他激活函数相比，ReLU 激活函数具有高效的梯度下降和反向传播，计算复杂度低，能够避免深层网络结构中发生梯度发散的现象。

2）增加 Dropout 层：在第一个全连接层中增加 Dropout 层，通过随机丢弃部分神经元提高网络训练效率以及抗过拟合能力。

3）修改输出层：鉴于仅需识别疲劳剥落和严重滑动两类磨粒，去掉全连接 F6，并将输出层神经元由 10 个改成 2 个。

4）优化卷积核数量：针对磨粒图像的复杂性，将第一卷积层和第二卷积层的卷积核数量分别从 6 个和 16 个增加到 32 个和 64 个，从磨粒图像中提取更多的有效表征特征。

5）增加神经元数量：随着输入图像尺寸和卷积核数的增加，将 C5 层的神经元节点数从 120 增加到 1024，以保证 LeNet-5 网络的磨粒识别能力。

6）增加 Batch_size 参数：考虑到同时训练图像过多易导致辨识模型出现内存溢出、收敛缓慢和局部最优的问题，添加 Batch_size 参数以限制同时训练的图像数量。

3. 形态学相似磨粒的 CNN 辨识模型架构

以上述 LeNet-5 网络优化为基础，构成了形态学相似磨粒的 CNN 辨识模型[21]，其模型结构如图 4-14 所示。模型输入为 240×240 像素的单磨粒图像。在第一层卷积中，采用 32 个尺寸为 5×5 像素、步长为 1 个像素的卷积核，通过点乘处理输出 32 张 236×236 像素的特征图像。然后，采用最大池化层对前一个卷积层的 32 个输出特征图像进行降维处理，过滤器的尺寸为 2×2、步长为 2 个像素点，输出 32 个 118×118 像素的特征图像。第二卷积层采用 64 个 5×5 像素、步长为 1 个像素的卷积核，通过点乘法处理输出 64 张 114×114 像素的特征图像。在此基础上，采用尺寸为 2×2、步长为 2 个像素的过滤器对前一个卷积层的 64 个输出特征图像进行降维处理。最后，在第一个全连接层中使用 1024 个神经元连接第二卷积层中 64 个特征图像的所有像素，而第二个全连接层的输出是磨粒的辨识类型。整个形态学相似磨粒的 CNN 辨识模型结构中卷积层和全连接层的输出均采用 ReLU 激活函数，相比其他激活函数而言，ReLU 激活函数具有高效率的梯度下降以及反向传播，简化了求解过程，并且避免了梯度爆炸和梯度消失问题。

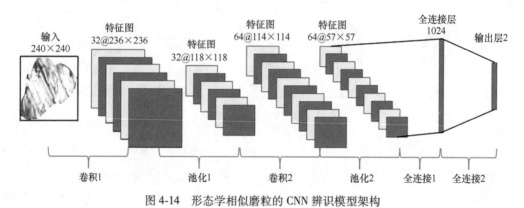

图 4-14　形态学相似磨粒的 CNN 辨识模型架构

4. 损失函数选择

损失函数是用于量化 CNN 模型预测分类与真实类别的一致性，通过两者产生的差异指导网络参数的优化学习。CNN 模型训练的本质就是促使损失函数最小化的过程。假设某样本的真实值为 a，而 CNN 模型的预测输出为 b，CNN 模型训练的目标即是通过多次迭代使得 b 逐渐接近 a，即 $(a-b) \to 0$。可见，有效的损失函数能够提高形态学相似磨粒的 CNN 辨识模型的分类精度。

常见的分类损失函数包含两种，分别是均方差函数与交叉熵函数[2]。对于分类任务而言，交叉熵函数优于均方差函数，原因在于交叉熵函数与 Sigmoid 或 Softmax 等分类器结合能够提高深度学习模型的训练效率[2]。疲劳剥落磨粒和严重滑动磨粒的辨识属于二分类问题，因此形态学相似磨粒的 CNN 辨识模型选择二分类交叉熵（Binary Cross Entropy，BCE）作为损失函数，其基本原理如下[29]：

对于样本 x 而言，y 为样本 x 为对应的类别标签。在二分类问题中，样本类别取值的集合为 $\{0, 1\}$。假定辨识模型预测 x 属于类别 1 的概率是 y_p，则样本 x 的损失值可以定义为

$$\log(y_t \mid y_p) = -(y_t \times \log(y_p) + (1-y_t) \times \log(1-y_p)) \tag{4-16}$$

4.4.2 形态学相似磨粒的 CNN 辨识模型验证与分析

1. 运行环境

本节实验内容所采用的软硬件配置环境见表 4-6。

表 4-6　实验软件与硬件配置

项目	内容
操作系统	Windows 10 64 位
处理器	Intel Core i7-7700
内存	16GB
显卡	Nvidia GeForce GTX 1070（8GB）
深度学习框架	TensorFlow-gpu 1.4.0
使用语言	Python 3.6

2. 磨粒图像训练及测试样本

本节从石化工艺中挤压造粒机产生的磨粒中选取 108 个样本，其中疲劳剥落磨粒 54 个，严重滑动磨粒 54 个，并利用数据扩增方法将磨粒图像从一幅图像扩展到五幅图像。因此，原始磨粒图像数据库从 108 张图像扩展到 540 张图像，包括 270 张疲劳剥落磨粒图像和 270 张严重滑动磨损磨粒图像。选取 35 个疲劳剥落磨粒和 35 个严重滑动磨粒作为形态学相似磨粒 CNN 辨识模型的测试样本，其余磨粒作为训练样本。部分测试磨粒图像如图 4-15 所示。

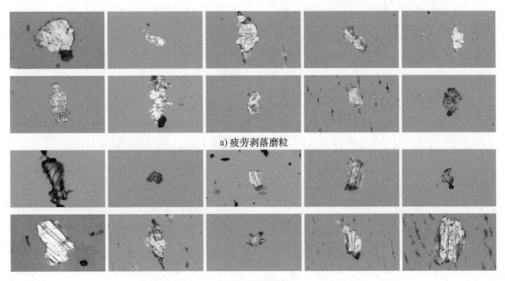

a) 疲劳剥落磨粒

b) 严重滑动磨粒

图 4-15　形态学相似磨粒 CNN 辨识模型测试样本

3. 模型训练与分析

形态学相似磨粒的 CNN 辨识模型采用自适应梯度下降法作为训练方法，Batch_size 为 30，学习率为 0.0004，迭代次数为 300。为验证辨识模型性能，在磨粒分类训练过程中，将形态学相似磨粒的 CNN 辨识模型与原始 LeNet-5 网络进行对比，结果如图 4-16 所示。可以发现，形态学相似磨粒的 CNN 辨识模型在接近 75 次时开始收敛，迭代到 200 次时训练准确率接近 100%。对比图 4-16a 和图 4-16b，原始的具有 Sigmoid 激活函数的 LeNet-5 网络在训练过程中无法收敛，其梯度发散的原因在于大量图像同时训练，而形态学相似磨粒的 CNN 辨识模型则采用 ReLU 和 Batch_size 有效地避免了这一问题。

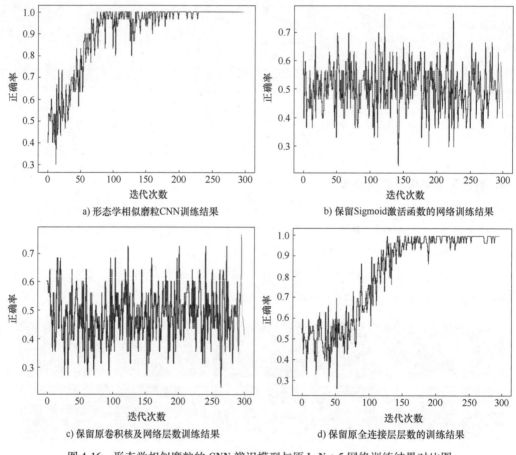

a) 形态学相似磨粒CNN训练结果

b) 保留Sigmoid激活函数的网络训练结果

c) 保留原卷积核及网络层数训练结果

d) 保留原全连接层层数的训练结果

图 4-16　形态学相似磨粒的 CNN 辨识模型与原 LeNet-5 网络训练结果对比图

对比图 4-16a 和图 4-16c 可以发现，原始 LeNet-5 网络因保留了所有神经元和卷积层，其训练正确率未能收敛。其主要原因在于疲劳剥落磨粒和严重滑动磨粒的图像比数字图像具有更复杂的纹理信息。因此，在全连接层上需要更多的卷积核和神经元来提取更复杂的特征。相比图 4-16c 而言，形态学相似磨粒的 CNN 辨识模型具有更快的收敛效果以及训练准确率。对比图 4-16a 和图 4-16d 可以发现，保留 F6 层的原 LeNet-5 网络在训练过程中收敛速度较慢，在第 120 次迭代时开始收敛，而当迭代到 250 次时训练精度才趋于稳定。总体而言，形态学相似磨粒的 CNN 辨识模型有效地提升了训练收敛速度，减少了训练时间，更加适用于实际应用。

形态学相似磨粒的 CNN 辨识模型对测试磨粒的辨识结果见表 4-7。可以发现，疲劳剥落磨粒和严重滑动磨粒的识别准确率分别为 85.7% 和 80%，相较于 BP 神经网络磨粒辨识模型的识别率（分别为 45.5% 和 36.4%）有明显提高。

表 4-7　磨粒分类结果

磨粒类型	正确识别	错误识别	识别率（%）
严重滑动	28	7	80
疲劳剥落	30	5	85.7

4.5　基于三维形貌特征的形态学相似磨粒辨识

智能辨识方法的应用显著提高了形态学相似磨粒的辨识效率，但是二维图像特征无法表征一个磨粒的立体特征，诸如高度、厚度等，也因此限制了 4.4 节方法在复杂磨粒辨识精度上的普适性及有效性。本节将介绍更为先进的基于三维形貌特征的形态学相似磨粒辨识模型。

4.5.1　磨粒知识的图像化表征

研究表明[9-11]，在特定生成机理的作用下，不同类型的磨粒具有独特的形态特征，见表 1-2。磨粒分析技术经过近百年的发展已经积累了大量宝贵的经验知识，而研究人员正在利用这些知识准确地辨别典型失效磨粒，比如疲劳剥落磨粒表面存在凹坑；而严重滑动磨粒表面则具有划痕；即便部分磨粒的显著特征比较微弱。然而，经验依赖的磨粒分析技术并不能为这些形态相似但又各不相同的失效磨粒制定一个独特标准，导致磨粒分析知识的自动图像化表征依旧是一个难题。为此，本节介绍一种采用人工标记方式实现磨粒分析知识图像化的方法[30]。以 4.2.2 节中知识为基础，采用二值图像标记挤压造粒机中疲劳剥落和严重滑动磨粒高度映射图中的显著特征。创建的磨粒知识简图如图 4-17 所示，其中白色标记表示失效磨粒高度映射图中的凹坑或者划痕特征，而黑色区域则表示磨粒图像的非显著特征区域。

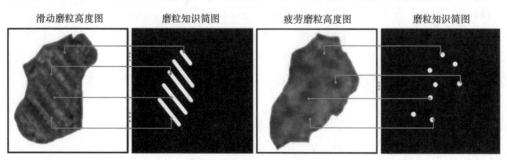

图 4-17　磨粒分析知识的图像化表征

4.5.2　知识指导的形态学相似磨粒辨识模型

以磨粒高度映射图及知识简图为输入，本节介绍一种基于三维形貌特征的知识指导的形态学相似磨粒辨识（Knowledge-Guided Model for Similar Particle Identification，KG-SPI）模型[15,31,32]，其基本结构如图 4-18 所示。该模型包含两部分：①用于磨粒分析知识学习的 U-Net 网络（分割网络）；②用于磨粒分类的全卷积 CNN 网络（分类网络）。分割网络输出的磨粒显著特征分布概率图作为权重与分类网络的卷积层进行点乘，以此种方式促使分类网络在后续分析中更加关注磨粒高度映射图中关键特征响应强的区域[32]。在训练时，辨识模型采用磨粒高度映射图和知识简图为输入，学习两者之间的模糊映射关系；而在模型测试时仅输入磨粒高度映射图，便可以输出测试磨粒的类别。

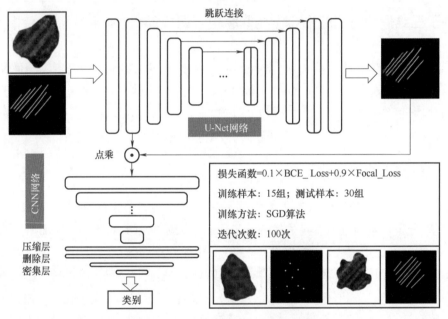

图 4-18　KG-SPI 模型的结构示意图

4.5.2.1　分割网络

如图 4-18 所示，磨粒高度映射图与知识简图之间的模糊映射就是寻找一个分割函数来描述两者间的关系。然而，严重滑动磨粒和疲劳剥落磨粒的形态学特征相似却多样化，并且高度映射图中含有大量的噪声信息，这给磨粒关键特征的自动分割增加了困难。在图像分析领域中，全卷积网络（Fully Convolutional Network，FCN）第一次以无参数输入的方式实现图像的语义分割，减少了传统分割算法中的人工干预，但是分割结果的细节精度差[33]。随后，U-Net 网络在 FCN 的基础上衍生出现[8]，采用跳跃连接在编码器和解码器间实现多层次图像特征的融合与解码，以多尺度语义特征融合的方式提高了图像分割精度。并且，U-Net 网络通过多个多通道特征图最大化地利用输入图像信息，即便在训练集较小的情况下也能达到较好的目标分割结果[32]。为此，KG-SPI 模型采用 U-Net 网络框架建立了磨粒高度映射图与知识简图间模糊映射关系的学习机制，该分割网络架构如图 4-19 所示。

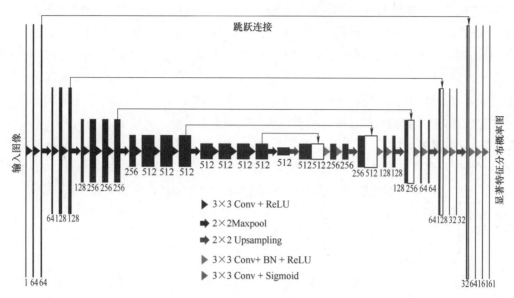

图 4-19　基于 U-Net 网络框架设计的分割网络架构

1. 编码器

编码器是一个特征图尺寸逐渐收缩而通道数量增加的网络结构，通过堆叠多个卷积层、池化层，逐层提取图像的细粒度和粗粒度特征。为避免自定义网络架构的混乱，分割网络以 VGG16 模型[34] 为基础设计了 U-Net 网络的编码器，如图 4-19 所示。除去当前任务中不需要的 3 个全连接层外，采用 VGG16 模型中剩余的 18 个网络层作为编码器的网络层。此编码器共包含有 13 个卷积层，每层卷积核的具体数量如图 4-19 所示。卷积核尺寸为 3×3，此类小尺寸卷积核有利于减少网络参数，并且通过堆叠这种小视野卷积层能够提取磨粒高度映射图的深层次信息。第 2、4、7、10、13 卷积层后连接一个 2×2 的最大池化层，其作用为压缩图像特征、抑制噪声[31]。在分割网络编码器中共包含 5 个池化层，因此只有长、宽可以被 32（即 2^5）整除的图像能够用作此 U-Net 网络的输入。

2. 解码器

解码器通过对特征图进行上采样，逐步恢复高分辨率的图像细节。解码器与编码器具有结构对称性，其前向传播过程与编码器相反，即输入的特征图尺寸逐渐增大，而通道数量逐渐减少。分割网络的解码器选择双线性差值作为上采样方式，以便将输入特征层放大 2 倍。上采样层后连接一个标准的 Conv-BN-ReLU 结构，其中，Conv 为卷积核尺寸 3×3 的卷积层，用于精细提取上采样的特征；BN 层将提取特征进行归一化处理，提高网络抗过拟合能力；ReLU 激活函数对提取特征进行非线性映射，增强网络的综合性能[32]。在解码器中，上采样步骤共重复了 5 次，用来与编码器的 5 个最大池化层对应，确保 U-Net 分割网络输入、输出图像尺寸相同。

3. 跳跃连接与网络输出

U-Net 网络框架的优势在于编码器与解码器之间引入多层次语义特征的跳跃连接，将编码器的图像信息与解码器上采样得到的特征图像相结合，增强了输出图像的分割精度[35]。如图 4-19 所示，分割网络共采用了五个跳跃连接。输出层决定了分割网络的输出类型和形式。为此，分割网络选择 Sigmoid 函数作为分割网络的输出层，将网络输出转化为关于磨粒显著特征分布的概率图，以确定每个像素在类别辨识中的重要性。例如，某个像素点的预测输出是 0.9，则这个像素点属于磨粒显著区域的概率更大。

4.5.2.2 分类网络

为充分利用磨粒高度映射图以及分割网络输出显著特征分布概率图的信息，KG-SPI 模型构建了一个包含 8 层卷积层的全卷积 CNN 磨粒分类网络，具体结构如图 4-20 所示。分类网络与分割网络共用第一和第二卷积层。从第三个卷积层开始，分类网络采用 Conv-BN-ReLU 结构设计了全卷积 CNN 架构，以解决网络可能存在的过拟合、梯度消失等问题[31]。通常，在卷积层之后添加池化层以实现降采样，使得高层次特征具有更大感受野。实验表明[36]，步长为 2 的 Conv-ReLU 结构等效甚至优于最大池化操作，因而该分类网络设计时选用步长为 2 的 Conv-ReLU 结构代替了池化层。此外，分类网络采用 Flatten 层以实现卷积层与全连接层间信息的传递，并利用 Sigmoid 函数判别严重滑动磨粒和疲劳剥落磨粒。

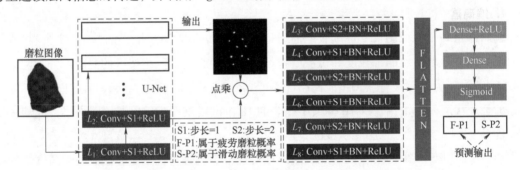

图 4-20 基于全卷积 CNN 网络架构设计的分类网络

（注：L^* 表示 CNN 网络中的卷积层，共包含 8 个卷积层。$L_1 \sim L_8$ 中卷积核数量分别为 64、64、64、64、128、128、256、256。卷积核尺寸为 3×3。）

与传统 CNN 网络不同的是，分类网络第二卷积层输出的 64 个特征图与分割网络输出的磨粒显著特征分布概率图进行点乘，如式（4-17）所示。

$$A\_\text{Weighted} = A * B = \begin{bmatrix} a_{11}b_{11} & \cdots & a_{1n}b_{1n} \\ \vdots & & \vdots \\ a_{m1}b_{m1} & \cdots & a_{mn}b_{mn} \end{bmatrix} \quad (4\text{-}17)$$

式中　A——卷积核输出特征图；

　　　B——磨粒显著特征分布概率图；

　　　m——图像长度；

　　　n——图像宽度。

图 4-21 阐述了卷积核输出特征图与磨粒显著区域加权的有益效果。由于磨粒高度映射图中背景及磨粒边缘处像素变化最为剧烈，卷积核会更加注重提取它们邻域的图像特征，如图 4-21 中卷积核输出特征图所示。然而，当卷积核输出特征图与磨粒特征标记图点乘以后，其关注特征转向了磨粒的显著区域，并且去除了原特征图中的背景噪声。通过特征图加权方式，磨粒分析知识有指导地干预 CNN 网络的训练，使得分类网络更加关注磨粒图像的显著区域[31]。分类网络第二卷积层的 64 个特征图加权以后，将作为第三卷积层的输入，进行后续处理。

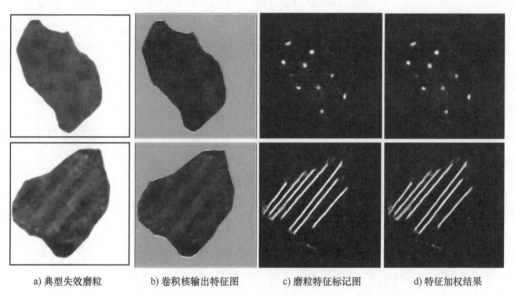

a) 典型失效磨粒　　　　b) 卷积核输出特征图　　　　c) 磨粒特征标记图　　　　d) 特征加权结果

图 4-21　磨粒显著区域加权对卷积核输出特征图的影响

4.5.2.3　损失函数设计

损失函数通过样本预测结果与真实标签间的差异优化网络参数。KG-SPI 模型包含了分类网络以及分割网络，因此，需要选择两个适当的损失函数，融合构建整体模型的损失函数。

1. 分类网络损失函数

分类网络的损失函数用于定量描述磨粒样本预测输出与真实类别的差异性。由于所要辨识的形态学相似磨粒（疲劳磨粒与严重滑动磨粒）是一个二分类问题，因此分类网络依旧选择 4.4 节中的二分类交叉熵作为损失函数，标记为 BCE_loss。

2. 分割网络损失函数

分割网络的损失函数用于定量评估分割网络输出结果与磨粒知识简图的相似程度。磨粒知识简图中包含了大量的背景区域，其前景与背景所占区域相差多倍，这种类别不均衡会影响损失函数的计算。以交叉熵损失函数[39]为例，分割网络分别预测每个像素的类别，通过累加每个像素的损失值求解模型的训练损失。实质上，分割网络是对图像中每个像素进行平等地学习，其训练过程则由像素数量多的类所主导。对于磨粒分析知识学习而言，主导类则变更为磨粒知识简图的背景，这样会导致分割网络的无效学习。针对磨粒知识简图中类别不均衡的现象，KG-SPI 模型引入 CornerNet 模型[40]中的 Focal_loss 作为损失函数，其表达式如式（4-18）所示。该损失函数基于标准交叉熵损失优化得到，通过超参数 α 和 β 控制易分类样本的权重，并采用（$1-gt$）为所有负样本（即知识简图中背景区域）添加一个小于 1 的权重，以这种方式平衡正负样本自身的比例不均[31]。

$$\text{Focal\_loss}=\begin{cases}-\log(pr)\times(gt-pr)^{\alpha} & gt\geqslant0.5\\ -\log(1-pr)\times(pr)^{\alpha}\times(1-gt)^{\beta} & gt<0.5\end{cases} \tag{4-18}$$

式中　pr——像素点属于关键区域的概率；

　　　gt——像素点处经高斯模糊的知识简图灰度值（$gt\geqslant0.5$ 表示正样本；$gt<0.5$ 表示负样本）；

　　　α，β——控制像素点权重的超参数（参考 CornerNet 模型，α 设置为 2，β 设置为 4）。

3. 模型整体损失函数

KG-SPI 模型的损失函数通过分类网络损失与分割网络损失的加权和获得[31]，其表达式为

$$\text{Loss}=a\times\text{BCE\_loss}+b\times\text{Focal\_loss} \tag{4-19}$$

式中　a——分类损失函数的加权系数；

　　　b——分割损失函数的加权系数。

由于分割损失值远大于分类损失值，a 和 b 分别设置为 0.1 和 0.9。通过这种比率设置，KG-SPI 模型更加关注于分割损失，始终保持较高的学习速率。

4.5.3　辨识模型测试及可视化分析

4.5.3.1　辨识模型训练

辨识模型的参数优化依赖于失效磨粒样本数据库中的磨粒高度映射图及其对应的磨粒知识简图作为训练样本。然而，KG-SPI 模型网络结构庞大，极易导致训练过程中模型梯度消失或梯度爆炸，降低模型的泛化能力。为解决此问题，以 ImageNet 样本集训练的 VGG16 网络权重初始化分割网络编码器参数，并利用 0.01 的学习速率优化网络参数。此外，KG-SPI 模型选择了占用内存较小的 SGD 算法对参数进行优化训练，而放弃了训练性能更优异的 Adam 梯度下降法。其主要原因是，Adam 方法计算模型参数学习率过程中一阶、二阶矩估计会进一步加剧计算机内存消耗。KG-SPI 模型通过以上两种手段减少了计算内存消耗，加速其训练过程。模型训练次数为 100 次，训练过程如图 4-22 所示。可以发现，在 SGD 算法的优化下，KG-SPI 模型能有效地处理训练样本，学习速率快，训练精度和训练损失均快速收敛。

4.5.3.2　辨识模型验证

为了验证 KG-SPI 模型，分别从识别精度、卷积核输出可视化和类别激活图三个层次对该模型进行了评估。

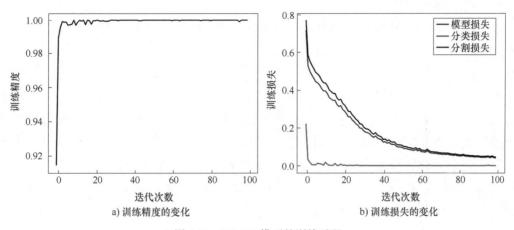

图 4-22　KG-SPI 模型的训练过程

1. 模型识别精度分析

三维失效磨粒样本匮乏不仅制约了 KG-SPI 模型的参数优化，同时也影响了其有效性和泛化性验证。针对此问题，真实磨粒失效样本和仿真样本被用于共同评估 KG-SPI 模型。依托运动磨粒三维形貌重建方法[41]，通过四球摩擦磨损试验机获取 10 组严重滑动和疲劳剥落磨粒样本，其中实验用的摩擦球材质为碳铬轴承钢（GCr15）。在此基础上，利用失效磨粒 CGAN 样本扩增模型生成每类典型磨粒 20 个仿真样本。这些仿真样本通过磨粒表面形态学扩容方式生成，拥有了与真实失效磨粒相似但尺度和分布不同的表面特征，已经具备代表典型失效磨粒的能力。

以 30 个疲劳剥落磨粒和 30 个严重滑动磨粒的高度映射图作为测试样本，将 KG-SPI 模型分别与 Siamese 模型[42]、Matching 模型[43]、Deep Nearest Neighbor Neural network（DN4）模型[44]进行对比（见表 4-8）验证。其中，Siamese 模型由孪生网络构成，通过计算不同类型的最近距离以判断目标类型；Matching 模型采用长短期记忆网络（Long Short-Term Memory，LSTM）对支持集和目标集进行编码，通过计算两者嵌入空间的余弦相似度进行目标分类。DN4 模型采用大量局部描述子表征目标图像，利用 K 近邻算法（K-Nearest Neighbour，KNN）评价被测样本与每种类型描述子的相似度。测试结果表明：KG-SPI 模型的识别精度显著高于其他三种对比模型。特别地，KG-SPI 模型分别评估了每个测试样本，其中真实磨粒的识别准确率为 100%，仿真磨粒的识别准确率为 95%。

表 4-8　不同方法磨粒辨识精度对比

模型	辨识精度（%）
Siamese 模型	68.3
Matching 模型	86.7
DN4 模型	83.3
KG-SPI 模型	96.7

2. 卷积核输出可视化

经过优化训练，KG-SPI 模型的网络参数已经达到最优，其卷积核都已经具备了特定的特征提取能力。为深入了解该辨识模型的工作机制，对其卷积核提取的特征进行可视化分析。

作为磨粒分析知识的传递者，分割网络传递信息的可靠性直接影响了分类网络学习显著特征的方向。为此，进行了分割网络的输出可视化分析。分别以严重滑动磨粒和疲劳剥落磨粒的高度映射图作为 KG-SPI 模型的输入，可视化不同训练次数下分割网络的输出，结果如图 4-23 所示。可以发现，分割网络输出的磨粒显著特征分布概率图随着训练次数增加逐渐趋近于磨粒知识简图，并且在第 100 次迭代时分割网络已经能够提取与磨粒知识简图相似的显著特征分布概率图。由此可见，分割网络学习到了磨粒高度映射图与知识简图的映射关系，可以为分类网络提供有效的指导信息。值得注意的是，虽然人工标记的磨粒知识简图具有一定主观性，但分割网络在处理各类磨粒图像时仍能保持较高的鲁棒性。

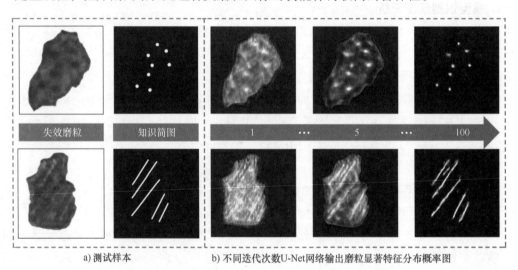

a) 测试样本　　　　　　b) 不同迭代次数U-Net网络输出磨粒显著特征分布概率图

图 4-23　不同训练次数下分割网络的输出可视化分析

此外，分类网络的卷积层 L8 是与 Sigmoid 分类器连接最紧密的卷积层，为分类器提供了关键判别特征，因此卷积层 L8 同样被作为卷积核输出可视化的分析对象。以图 4-23 中严重滑动磨粒和疲劳剥落磨粒的高度映射图作为输入，可视化分析分类网络卷积层 L8 的卷积核输出，结果如图 4-24 所示。可以发现，未引入指导信息的 CNN 网络提取了大量的磨粒边缘特征图，几乎没有纹理特征图。相反，KG-SPI 模型的卷积核提取的特征几乎全部位于疲劳剥落磨粒图像或严重滑动磨粒图像的关键区域或其邻域内。这表明，该模型有能力提取疲劳剥落磨粒和滑动磨粒的关键表征特征。

3. 类别激活图

卷积核输出可视化仅能够证明 KG-SPI 模型具备了提取失效磨粒典型特征的能力，但是无法解释测试磨粒图像中哪部分区域对其正确分类起到了决定性作用，即该可视化无

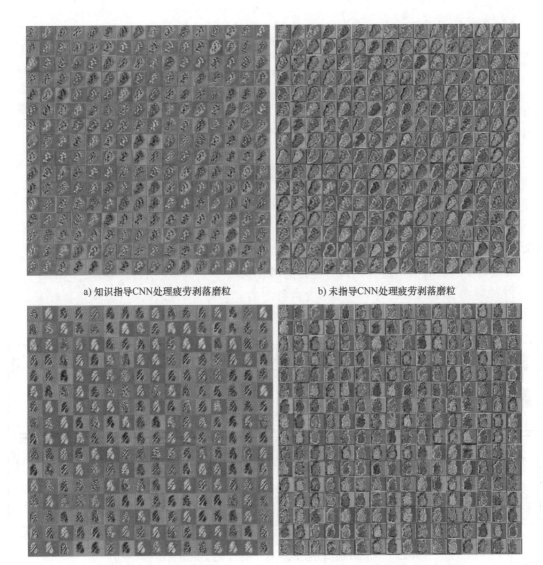

a) 知识指导CNN处理疲劳剥落磨粒   b) 未指导CNN处理疲劳剥落磨粒

c) 知识指导CNN处理严重滑动磨粒   d) 未指导CNN处理严重滑动磨粒

图 4-24   KG-SPI 模型网络卷积层 L8 的卷积核输出可视化

法证明磨粒的显著特征被用于其类别辨识。因而，卷积核输出可视化无法验证 KG-SPI 模型输出结果的可靠性。为此，引入 Grad-CAM 方法提取该辨识模型分类时的类别激活图，以凸显磨粒图像分类的显著区域。Grad-CAM 方法的基本思想是通过反向传播求取卷积层的梯度，将每张特征图的梯度均值作为其权重，利用加权和确定分类任务中的关键区域[45]。

卷积层 L_8 作为分类网络的高层次卷积层，从磨粒高度映射图像中提取了大量空间、语义特征。为此，利用 Grad-CAM 方法对卷积层 L_8 进行处理，具体求解过程为[39,45]：首先通过式（4-20）求解类别对所有特征图的权重；其次采用式（4-21）计算图像点（x，y）对给定类别 C 的重要性；最后利用重要性的加权和生成类别激活图。

$$\alpha_k^c = \frac{1}{z} \sum_i \sum_j \frac{\partial y^c}{\partial A_{ij}^k} \tag{4-20}$$

$$M_c(x,y) = \sum_k \alpha_k^c A_{ij}^k \tag{4-21}$$

$$S_c = \sum_{x,y} M_c(x,y) \tag{4-22}$$

式中 z——特征图的像素个数；

y^c——对应类别 C 的得分；

A_{ij}^k——第 k 个特征图中 (i,j) 位置处的像素值。

图 4-25 为一组基于 Grad-CAM 方法分析分类网络卷积层 L_8 的类别激活图。图中红色越深表示该区域在磨粒分类中所占的权重越大。可以发现，未引入指导信息的 CNN 辨识模型采用边缘信息对磨粒高度映射图进行分类；对于 KG-SPI 模型，严重滑动磨粒图像的关键区域位于磨粒表面划痕，而疲劳剥落磨粒图像的显著区域在表面凹坑处。由此可见，KG-SPI 模型的分类网络采用了磨粒高度映射图的显著区分特征识别疲劳剥落磨粒与严重滑动磨粒。

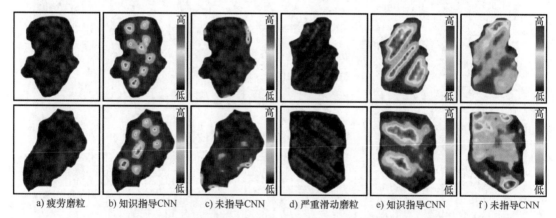

a) 疲劳磨粒　　b) 知识指导CNN　　c) 未指导CNN　　d) 严重滑动磨粒　　e) 知识指导CNN　　f) 未指导CNN

图 4-25　KG-SPI 模型分类网络卷积层 L_8 的类别激活图可视化

综合考虑识别精度、卷积核输出可视化和类别激活图三个层次的分析结果，基于知识指导 CNN 训练的方式构建了一种针对形态学相似磨粒的辨识模型，并且已经应用于严重滑动和疲劳剥落等失效磨粒的辨识中。

4.5.4　模型分析

KG-SPI 模型设计过程中存在两个不确定因素，即损失函数的权重及知识简图的标记尺度。在本节，分别分析了这两个影响因素。

1. 损失函数权重分析

损失函数用于评估网络预测结果与真实标签的不一致程度。如果损失函数不能准确地描述模型损失值，则会致使整个模型参数优化训练的失败。KG-SPI 模型的损失函数是由分类网络损失及分割网络损失两部分加权得到，其损失值直接受权重 a 和 b 的影响。为此，本节介绍了 KG-SPI 模型在相同样本、不同权重的损失函数下的训练情况，如图 4-26 所示。

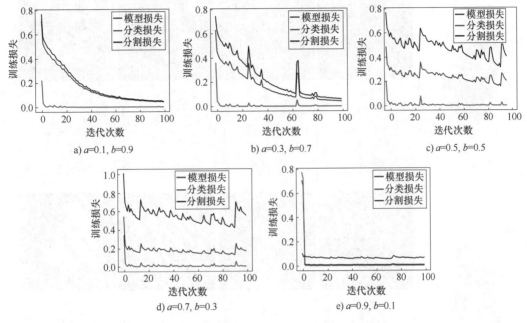

a) a=0.1, b=0.9　　　　b) a=0.3, b=0.7　　　　c) a=0.5, b=0.5

d) a=0.7, b=0.3　　　　e) a=0.9, b=0.1

图 4-26　不同损失权重下 KG-SPI 模型的训练过程

（注：a 表示分类网络损失权重，b 表示分割网络损失权重。）

从图 4-26 中可以发现，在各权重条件下，KG-SPI 模型分类网络的损失均能够快速收敛。但是，随着分类网络损失权重的增加，整体损失及分割网络损失的学习速率逐渐降低。这种现象主要是因为分类网络损失远小于分割网络损失，其权重增加意味着网络整体损失值减小，导致模型的学习梯度下降。损失权重组合（即 a=0.1、b=0.9）既重视了分割网络的重要性，同时也考虑了分类网络，因而能够辅助 KG-SPI 模型快速收敛。

2. 知识简图标记尺度影响

以 U-Net 网络为传输介质，磨粒知识简图参与了 KG-SPI 模型的训练过程，指导分类网络快速定位失效磨粒的区分性特征。此种方式解决了 CNN 网络在实际应用过程中所遇到的类别区分特征不显著、样本匮乏的难题。但需要注意的是，磨粒知识简图标记的是范围而不是一个确定的点，其目的在于引导 CNN 网络确定磨粒图像的显著区域。为分析知识简图标记尺度的影响，利用不同标记尺度的知识简图重新训练 KG-SPI 模型，并通过类别激活图以可视化形式解释磨粒分类结果。从图 4-27 中可以发现，在"小标记"和"正常标记"条件下，分类网络能够采用高度映射图的关键区域对失效磨粒进行辨识。随着标记尺度的逐渐增大，在"大标记"中分类网络开始采用边缘区域识别严重滑动磨粒，并且在"更大标记"中图像显著区域已经位于严重滑动磨粒的边缘。由此可见，标记区域的增大会致使指导信息的发散，使得分类网络无法定位磨粒图像中的有效特征。因此，知识简图应以标记磨粒高度映射图中关键特征的核心区域为宜。

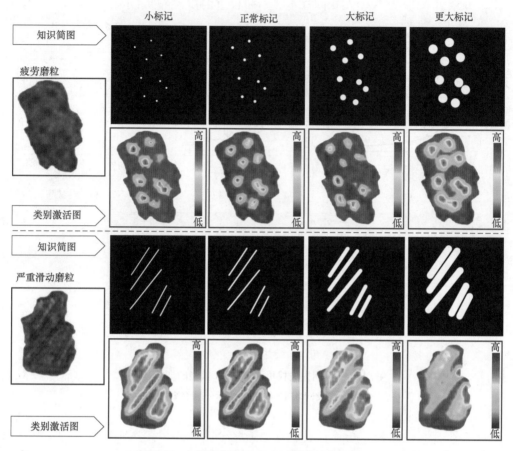

图 4-27　知识简图标记尺度对分类网络的影响

（注："正常标记"为 4.4.2 节所使用的标记尺度。）

4.6　小结

本章介绍了一种通过磨粒特征标记与 CGAN 模型融合的失效磨粒样本扩充模型，并结合磨粒产生机理以及智能模型介绍了面向典型失效磨粒的分层辨识模型，具体内容如下。首先，以失效磨粒高度映射图为基础，联合 CGAN 网络的判别器和目标函数优化介绍了失效磨粒样本扩增模型建模过程，从二维磨粒图像的特征标记图中实现了仿真磨粒三维表面生成。其次，介绍了包含形状、尺寸、纹理三属性多特征的磨粒表征体系，并通过 BP 神经网络磨粒辨识模型实现了正常、球状、切削等形态差异显著磨粒辨识。最后，介绍了一种知识指导的相似磨粒 CNN 辨识模型。该模型结合 U-Net 网络架构以磨粒显著特征分布概率图与卷积层加权的方式将磨粒分析知识传递到分类网络，通过快速定位磨粒图像中的判别性区域提高了形态学相似磨粒的辨识精准度。

参 考 文 献

［1］ WANG S, WU T H, WANG K P, et al. Ferrograph analysis with improved particle segmentation and classification methods ［J］. Journal of Computing and Information Science in Engineering, 2020, 20（2）：021001.

［2］ WANG S, WU T H, SHAO T, et al. Integrated model of BP neural network and CNN algorithm for automatic wear debris classification ［J］. Wear, 2019, 426-427：1761-1770.

［3］ HE K M, ZHANG X Y, REN S Q, et al. Deep residual learning for image recognition ［C］. The 28th IEEE Conference on Computer Vision and Pattern Recognition, Boston, USA, 2015：770-778.

［4］ LENG B, YU K, QIN J Y. Data augmentation for unbalanced face recognition training sets ［J］. Neurocomputing, 2017, 235：10-14.

［5］ BU X Y, WU Q W, ZHOU B, et al. Hybrid short-term load forecasting using CGAN with CNN and semi-supervised regression ［J］. Applied Energy, 2023, 338：120920.

［6］ ANTIPOV G, BACCOUCHE M, DUGELAY J, et al. Face aging with conditional generative adversarial networks ［C］. IEEE International Conference on Image Processing, Beijing, China, 2017：2089-2093.

［7］ ISOLA P, ZHU J Y, ZHOU T H, et al. Image-to-image translation with conditional adversarial networks ［C］. The 31st IEEE Conference on Computer Vision and Pattern Recognition, Salt Lake City, USA, 2018：5967-5976.

［8］ RONNEBERGER O, FISCHER P, BROX T, et al. U-Net：convolutional networks for biomedical image segmentation ［C］. The 28th IEEE Conference on Computer Vision and Pattern Recognition, Boston, USA, 2015：234-241.

［9］ PENG Z X, KIRK T B. Computer image analysis of wear particles in three-dimensions for machine condition monitoring ［J］. Wear, 1998, 223（1-2）：157-166.

［10］ WANG J Q, WANG X L. A wear particle identification method by combining principal component analysis and grey relational analysis ［J］. Wear, 2013, 304（1-2）：96-102.

［11］ YUAN W, CHIN K S, HUA M, et al. Shape classification of wear particles by image boundary analysis using machine learning algorithms ［J］. Mechanical Systems and Signal Processing, 2016, 72-73：346-358.

［12］ FIRAT H, ASKER M E, BAYINDIR M, et al. Spatial-spectral classification of hyperspectral remote sensing images using 3D CNN based LeNet-5 architecture ［J］. Infrared Physics & Technology, 2022, 127：104470.

［13］ NAGASUBRAMANIAN K, JONES S, SINGH A K, et al. Explaining hyperspectral imaging based plant disease identification：3D CNN and saliency maps ［C］. Proceedings of the 31st International Conference on Neural Information Processing Systems, Long Beach, USA, 2017.

［14］ PODSIADLO P, STACHOWIAK G W. Fractal-wavelet based classification of tribological surfaces ［J］. Wear, 2003, 254（11）：1189-1198.

［15］ 王硕. 面向形态学相似磨粒的表面三维重建及乏样本条件下智能辨识方法研究 ［D］. 西安：西安交通大学, 2021.

［16］ WANG S, WU T H, ZHENG P, et al. Optimized CNN model for identifying similar 3D wear particles in few samples ［J］. Wear, 2020, 460-461：203477.

［17］ LIU C, YANG Z, XU F, et al. Image generation from bounding box-represented semantic labels ［J］. Computers & Graphics, 2019, 81：32-40.

［18］ SEGU M, TONIONI A, TOMBARI F. Batch normalization embeddings for deep domain generalization t［J］. Pattern Recognition, 2023, 135: 109115.

［19］ LIU Y, WANG X J, WANG L, et al. A modified leaky ReLU scheme (MLRS) for topology optimization with multiple materials［J］. Applied Mathematics and Computation, 2019, 352: 188-204.

［20］ REN S Q, HE K M, GIRSHICK R, et al. Faster R-CNN: towards real-time object detection with region proposal networks［C］. The 29th IEEE Conference on Computer Vision and Pattern Recognition, Las Vegas, USA, 2016: 91-99.

［21］ 邵涛. 基于 BP 神经网络与深度学习融合的磨粒类型辨识研究［D］. 西安: 西安交通大学, 2018.

［22］ 刘粲, 谢小鹏, 陆丕清. 基于 BP 神经网络的铁谱磨粒图像识别方法研究［J］. 润滑与密封, 2010, 35 (4): 72-75.

［23］ SMIRNOV E A, TIMOSHENKO D M, ANDRIANOV S N. Comparison of regularization methods for imagenet classification with deep convolutional neural networks, Aasri Procedia, 2014, 6 (1): 89-94.

［24］ CIRSTEA B I, LIKFORMANSULEM L. Improving a deep convolutional neural network architecture for character recognition［J］. Journal of Electronic Imaging, 2016, 28: 1-7.

［25］ SONG L, WEI Z, ZHANG B, et al. Target recognition using the transfer learningbased deep convolutional neural networks for SAR images［J］. Journal of University of Chinese Academy of Sciences, 2018, 35 (1): 75-83.

［26］ OTSU N. Threshold selection method from gray-level histograms［J］. IEEE Transactions on Systems, Man, and Cybernetics, 1979, 9 (1): 62-66.

［27］ LENG B, YU K, LIU Y, et al. Data augmentation for unbalanced face recognition training sets［J］. Neurocomputing, 2017, 235: 10-14.

［28］ HE K, ZHANG X, REN S, et al. Delving deep into rectifiers: surpassing human-level performance on ImageNet classification［C］. Proceedings of the IEEE International Conference on Computer Vision, Santiago, Chile, 2015: 1026-1034.

［29］ LIU L, RAHIMPOUR A, TAALIMI A, et al. End-to-end binary representation learning via direct binary embedding［C］. International Conference on Image Processing, Beijing, China, 2017: 1257-1261.

［30］ WANG S, WU T H, WANG K P. Automated 3D ferrograph image analysis for similar particle identification with the knowledge-embedded double-CNN model［J］. Wear, 2021, 476: 203696.

［31］ WANG S, SHAO T, WU T H, et al. Knowledge-guided CNN model for similar 3D wear debris identification with small number of samples［J］. ASME, Journal of Tribology, 2023, 145 (9): 091105.

［32］ 武通海, 王硕, 郑鹏, 等. 一种基于知识引导 CNN 的小样本相似磨粒辨识方法: 202010584092. 8［P］. 2022-10-28.

［33］ LONG J, SHELHAMER E, DARRELL T, et al. Fully convolutional networks for semantic segmentation［C］. The 28th IEEE Conference on Computer Vision and Pattern Recognition, Boston, USA, 2015: 3431-3440.

［34］ SIMONYAN K, ZIFSSERMAN A. Very deep convolutional networks for large-scale image recognition［C］. The 28th IEEE Conference on Computer Vision and Pattern Recognition, Boston, USA, 2015.

［35］ FUNKE J, TSCHOPP F, GRISAITIS W, et al. Large scale image segmentation with structured loss based deep learning for connectome reconstruction［J］. IEEE Transactions on Pattern Analysis and Machine Intelligence, 2019, 41 (7): 1669-1680.

[36] SPRINGENBERG JT, DOSOVITSKIY A, BROX T, et al. Striving for simplicity: the all convolutional net [C]. The 3rd International Conference for Learning Representations, San Diego, USA, 2015: 1-14.

[37] WANG K, KUMAR A. Cross-spectral iris recognition using CNN and supervised discrete hashing [J]. Pattern Recognition, 2019, 86: 85-98.

[38] LIU L, RAHIMPOUR A, TAALIMI A, et al. End-to-end binary representation learning via direct binary embedding [C]. International Conference on Image Processing, Beijing, China, 2017: 1257-1261.

[39] SELVARAJU R R, COGSWELL M, DAS A, et al. Grad-cam: visual explanations from deep networks via gradient-based localization [C]. IEEE International Conference on Computer Vision, Venice, Italy, 2017: 618-626.

[40] LAW H, DENg J. Cornernet: Detecting objects as paired keypoints [J]. International Journal of Computer Vision, 2020, 128: 642-656.

[41] WANG S, WU T H, WANG K P, et al. 3-D Particle surface reconstruction from multiview 2-D images with structure from motion and shape from shading [J]. IEEE Transactions on Industrial Electronics, 2021, 68 (2): 1626-1635.

[42] KOCH G, ZEMEL R, SALAKHUTDINOV R. Siamese neural networks for one-shot image recognition [C]. Proceedings of the 32nd International Conference on Machine Learning, Lille, France, 2015: 1-8.

[43] LI W B, WANG L, XU J L, et al. Revisiting local descriptor based image-to-class measure for few-shot learning [C]. Computer Vision and Pattern Recognition, Long Beach, CA, 2019: 1-9.

[44] LIU L, RAHIMPOUR A, TAALIMI A, et al. End-to-end binary representation learning via direct binary embedding [C]. International Conference on Image Processing, Beijing, China, 2017: 1257-1261.

[45] ZHOU B, KHOSLA A, LAPEDRIZA A, et al. Learning deep features for discriminative localization [C]. The 29th IEEE Conference on Computer Vision and Pattern Recognition, Las Vegas, USA, 2016: 2921-2929.

第5章 磨损状态的在线监测方法

磨损速率和磨损机理是磨损状态在不同维度的独立表征参量，而磨粒分析是迄今唯一可实现磨损机理演变在机分析的技术通道。长期以来，受到磨粒图像传感技术限制，基于磨损率/量的数据分析一直是磨损状态辨识的主流。但是由于磨损数据具有极大的工况依赖、过程随机性特征，数据驱动的磨损状态模型无法反映不同磨损阶段的作用机理，难以给出准确的故障或趋势判断。因而，磨粒机理分析的缺位是限制现阶段磨损状态演变建模的最大问题。

针对磨损状态阶段演变、机理辨识难的问题，本章以磨粒图像为信息源，融合磨粒宏观统计数据与微观磨损机理进行磨损状态协同表征，利用 Mean-shift 聚类算法对磨损状态阶段判别，最后基于时域将磨损率和磨损机理结合，得到磨损状态演变的表征模型。进一步，将该模型初步应用于摩擦磨损试验机、车桥齿轮系统台架、谐波减速器试验台等试验场合，以期为关键部件的全寿命磨损状态监测提供一种在线分析方法。

5.1 机理驱动的磨损状态演变监测

磨粒时序图像序列包含着丰富的磨损信息，可用于磨损率和磨损严重程度表征以及不同磨损机理评估。本节将具体介绍机理驱动的磨损状态演变建模方法。

5.1.1 磨损状态的特征体系

在时间轴上，每一张磨粒图像都代表了这一时刻的磨损信息，而一个时间段内的磨粒图像特征统计分布则能反映这段时间内磨损的基本规律。从磨损的基本规律来看，磨损与断裂、振动等故障信号的突变性不同，具有阶段演变特征，也就是说磨损在一段时间内具有相同的磨损机制和速率，随着阶段的演变而发生阶段变迁。因此，对磨粒图像特征在时间维度上统计分析，发现其阶段演变规律，是表征摩擦副磨损状态演变的有效方法[1,2]。本节将综合第 2、3 章给出的磨粒图像特征，形成磨粒图像特征表达体系，进而对这些特征进行聚类分析。

1. 磨粒覆盖面积指数

磨粒覆盖面积指数（Index of Particle Coverage Area，IPCA）最早是在线磨粒图像领域内提出，用于刻画某一采样体积内磨粒浓度，可以表征磨损速率，是目前工程领域应用最广泛最成熟的一个参数。虽然 IPCA 已用于发动机的异常磨损监测[3]，但是在表征磨损速率时存在一定的局限性。如图 5-1 所示，两张不同阶段的磨粒图像具有非常接近的 IPCA 值（IPCA$_1$ = 0.064；IPCA$_2$ = 0.064）。仔细观察可以发现，图 5-1a 中磨粒的尺寸明显大于图 5-1b 中磨粒的尺寸，但图 5-1b 中的磨粒数量显著多于图 5-1a。这种情况表明，仅仅使用 IPCA 描述磨损状态信息具有片面性。

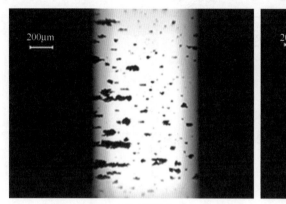

a) 磨合期在线磨粒图像   b) 剧烈磨损期在线磨粒图像

图 5-1　具备相似 IPCA 的在线磨粒图像

2. 磨粒数量（Number）

磨粒的数量及其变化率是磨损率变化趋势判断的重要指标。然而，在传统磨粒分析中，因磨粒粘连成链导致磨粒数量信息难以获取，未将磨粒数量视为磨损状态描述参量。GasTOPs 公司基于电学原理开发的 MetalScan 磨粒计数器已经在航空、船舶、风电等领域展开了广泛的应用[4]。随着静态磨粒链智能分割与运动磨粒图像分析模型的提出使得磨粒数量精确提取成为可能，为磨损状态描述又提供一项重要监测指标。磨粒数量的引入能够弥补仅采用磨粒浓度表征磨损状况的局限性问题。在图 5-1 中，虽然两张图像的磨粒浓度值类似，但是磨粒数量具有明显的差异。因此，引入磨粒数量作为磨损状态的表征分量可以强化描述精度。

3. 大磨粒占比

摩擦副磨损状况通常呈现为逐渐转变而非突然阶跃过程，其中最明显的变化指标是磨损剧烈程度（Wear Intensity），在可测量上主要表现为磨粒尺寸和形状特征。Oklahoma Fluid Research Center 的磨损研究表明，磨粒尺寸与磨损剧烈程度有着确定的对应关系，如图 5-2 所示[5]。磨粒尺寸的增大可以被视为磨损状况异常指标，即可能在短时间内形成严重损坏，特别是对于高速、重载、强振和高温下服役的设备[6]。因而，大磨粒相较于小磨粒包含着更多的磨损信息[7]。以磨粒尺寸作为参照，研究人员将磨粒群区分为大磨粒与小磨粒，构建了大磨粒占比（Percentage of Large Particles，PLP）以表征设备磨损剧烈程度，如式（5-1）所示[8]。

$$PLP = \frac{D_L - D_S}{D_L + D_S} \times 100\% \tag{5-1}$$

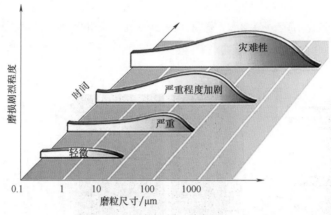

图 5-2 磨粒尺寸与磨损剧烈程度的关系[5]

式中 D_L——大磨粒数量；

D_S——小磨粒数量。

综上所述，由表征磨损率、磨损剧烈程度的磨粒覆盖面积、磨粒数量和大磨粒占比共同构建量化表征空间，如式 5-2 所示，可实现装备磨损状态的完备表征[9]。

$$W=f(\text{IPCA},\text{Number},\text{PLP})\tag{5-2}$$

与已经存在的磨损状态表征空间相比，式（5-2）从数字的角度更加全面地描述了磨粒图像中所携带的磨损信息，而且解决了仅仅依赖磨粒浓度所带来的描述精度问题。

5.1.2 磨损阶段的 Mean-shift 判别模型

根据摩擦学的三个公理，磨损具有时间依赖性的特征[10]。在摩擦学的整个生命周期中，摩擦副的正常磨损过程本质上是多个相对稳定的动态随机过程的有序演变，涉及三个基本状态：磨合期、正常磨损期与剧烈磨损期。相对应地，磨损数据会从一种类型转变为另一种类型，虽然在短期内表现出一定的随机性，但是其在较大的时间尺度内会表现出规律性。为建立全寿命健康状态中不同磨损阶段的辨识模型，本节以磨粒覆盖面积指数、磨粒数量和大磨粒占比作为表征参数，采用 Mean-shift 聚类算法实现不同阶段数据的划分。

1. Mean-shift 聚类基本原理

Mean-shift 是一种无监督的数据样本聚类分析方法，无需样本训练，可直接对输入数据执行自适应聚类并划分为不同簇类，其聚类原理如下所述[11]：

将独立的特征数据系列表示为 $[x_1,x_2,\cdots,x_n]\in\mathbb{R}$（$n$ 为特征数据的总数）。假设所有特征被包含在一个特定的空间中，并定义初始球形空间为 $S_r(x)$。x 为该空间的中心点，r 为半径。假设 m 个样本数据被划分为同一空间中，则样本之间的平均距离可以利用向量 $M_r(x)$ 表示，其计算公式为

$$M_r(x)=\frac{1}{k}\sum_{x_i\in S_r}(x_i-x)\ ,i=1,2,\cdots,n\tag{5-3}$$

式中 k——权值。

为计算式（5-3），通过引用核函数 $K(x_i-x)$ 确定空间相邻点间的权值。核函数的种类繁多，高斯核函数[12] 是较为常用的一种。利用核函数可求解权值方差 $m_r(x)$，计算式为

$$m_r(x) = \frac{\sum_{i=1}^{n} K(x_i - x)x_i}{\sum_{i=1}^{n} K(x_i - x)} \tag{5-4}$$

将式（5-4）代入式（5-3）可得

$$M_r(x) = m_r(x) - x \tag{5-5}$$

式（5-5）即为 Mean-shift 的表达式。Mean-shift 聚类是一个迭代计算过程，通过预先设定收敛阈值为 δ，随机选取一个数据点作为初始值，然后执行 Mean-shift 迭代运算，当 $m_r(x)-x<\delta$ 时，迭代停止。共享同一中心点的所有数据被认为同种类型，即可实现数据的分类。

2. 磨损阶段的 Mean-shift 动态判别模型

机械设备的磨损具有时间演变特性，而上述提到的 Mean-shift 计算过程均是对已存在数据的静态聚类，无法满足机械装备磨损阶段动态辨识的需求。针对此问题，本节介绍一种基于 Mean-shift 的磨损阶段动态建模方法[9]。

实际上，磨损状态的演变是从一个阶段转变为另一个阶段，相对应地，磨损数据会从一种类型转变为另一种类型。磨损阶段演变的监测本质便是监测阶段的转变时刻，即数据的类别发生改变的时刻。假设当前数据处在某一种磨损阶段：i 阶段，由于同一磨损阶段的数据具有相似性，使用 Mean-shift 聚类计算会将所有数据收敛到同一类型。当磨损继续演变并进入到 $i+1$ 阶段时，监测数据的差异性将会扩大，而此时使用 Mean-shift 聚类计算则会将数据收敛到两个类型。在此种情况下，聚类的类属数量将从 1 增加到 2。类属数量的增加意味着新的磨损阶段产生，这是使用 Mean-shift 进行磨损阶段动态聚类的基本依据。依据上述原理，磨损阶段动态建模的流程[6] 如图 5-3 所示。

每次采样过后，使用 Mean-shift 进行聚类分析，可以得到类属数量。在前期，数据集内第一类数据 Normal category 将收敛到同一个位置。随着采样继续，数据集 Data 的数据量逐渐增大，内部逐渐出现不同于第一类数据的新数据类型 Abnormal category。当采样继续进行，新数据的数量 Num_2 超过一定数量（10）时，认为获得采样数据已经是新类型数据，磨损已经进入新的阶段，前一阶段的数据将作为类属已确定的数据标记出来。

依托上述 Mean-shift 动态聚类过程，结合式（5-2）磨损状态表征空间便建立了磨损阶段动态判别模型，可以实时监测设备磨损阶段的演变信息，以及某一个阶段在时间广度上所包含的数据量，实现磨损阶段的动态识别。

3. 磨损阶段判别有效性验证

以变工况磨损全生命周期监测数据为分析对象，建立磨损阶段的表征数据库，通过数据拾取模拟采样过程，验证基于 Mean-shift 的磨损阶段动态判别方法。

（1）变工况磨损监测数据

图 5-4 展示了一组变工况下四球摩擦磨损试验机（简称四球机）试验磨损监测的静态

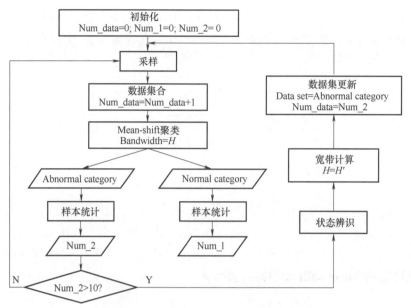

图 5-3　基于 Mean-shift 的磨损阶段动态建模

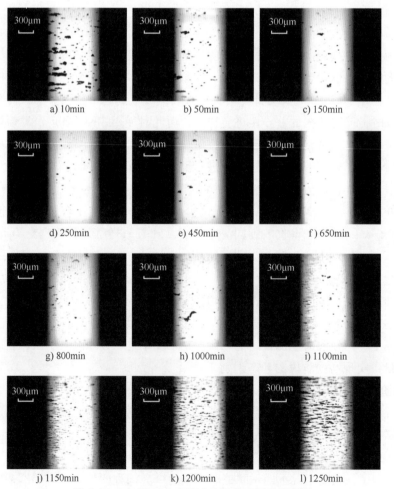

图 5-4　变工况下四球机试验部分磨损监测数据

磨粒图像。整个磨损监测试验共进行 1300min，在 800min 附近，载荷由 150kg 增加至 200kg。从图 5-4 中可以发现，四球机磨损监测数据在时间上呈现出阶段性的特征，包含了 "剧烈"、"平缓"、"剧烈" 三个阶段，基本上呈现出与浴盆曲线相同的特征。并且，在载荷变化处，磨粒图像特征发生显著变化。

经过图像处理与分割操作，可以计算得到磨粒图像中的磨损阶段表征信息：磨粒覆盖面积指数（IPCA）、磨粒数量（Number）、大磨粒占比（PLP）。图 5-5 展示了三项参数在时间尺度上的变化趋势。可以发现，在完整的磨损监测周期内基本上呈现出与浴盆曲线相同的特征，具有非常明显的阶段性特征：磨合期的监测指标快速下降、正常磨损期的监测指标比较平稳、剧烈磨损期的监测指标快速上升，同时载荷变动处的各项监测指标也发生了变化[6]。由于特征向量的三个分量数据范围相差很大，原始数据的各分量均进行了归一化处理，确保各分量对特征的贡献量相同。

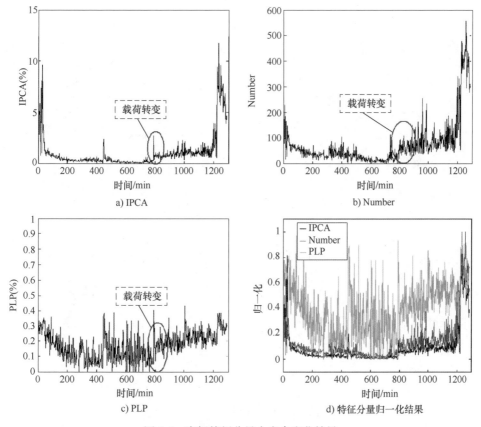

a) IPCA

b) Number

c) PLP

d) 特征分量归一化结果

图 5-5　磨损特征分量全寿命变化结果

（2）磨损阶段辨识及全寿命演变描述

接下来使用 Mean-shift 对所得磨损监测数据进行聚类分析，所得的阶段识别结果如图 5-6 所示。可以发现，利用 Mean-shift 模拟数据的动态采样过程，从第一个数据点开始，将数据依次划分为六类，如图 5-6b～e 所示。合成结果如图 5-6f 所示。

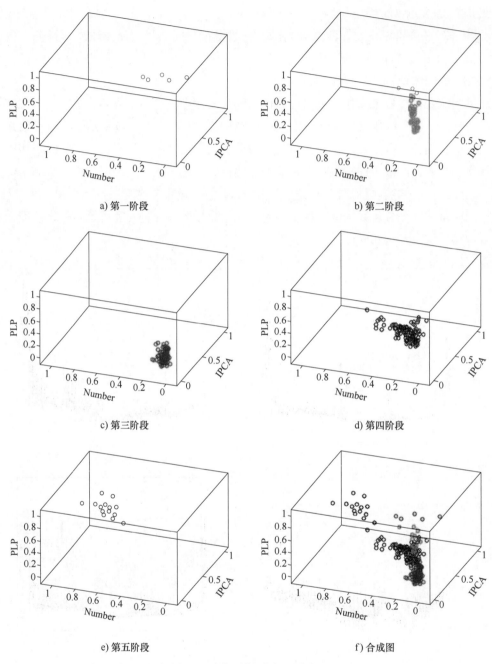

a) 第一阶段　　　　　　　　　　　　b) 第二阶段

c) 第三阶段　　　　　　　　　　　　d) 第四阶段

e) 第五阶段　　　　　　　　　　　　f) 合成图

图 5-6　磨损阶段动态识别过程

　　每当新的阶段出现，磨损阶段增加 1，按照这种表示方法得到磨损阶段的动态演变如图 5-7 所示。四球机试验共进行了约 1300min，前 200min 为磨合期，其中前 20min 为剧烈磨合期，20～200min 为磨合期向稳定磨损期的过渡。0～800min 的载荷为 150kg，载荷在 800min 左右增加至 200kg，在图 5-7 中此时刻的磨损阶段发生了改变。接着在 1200min 左右，磨损进入剧烈磨损阶段，状态再次发生改变。

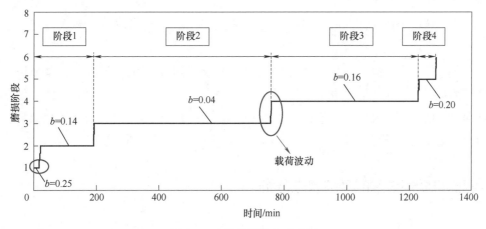

图 5-7　磨损阶段演变示意图

以上通过模拟采样所得数据动态聚类的结果与实际试验工况的变化相符合，各个阶段变化时间点与实际磨损阶段变化相一致，这为该模型应用于磨损状态监测领域提供了数据支撑。

5.1.3　磨损状态演变的建模方法

磨损状态的演变过程不仅表现为磨损量的变化也包含内在磨损机理的演变。上述基于 Mean-shift 的磨损阶段动态判别方法是采用时序磨损率监测数据给出了磨损状态的统计学重构，并未考虑磨损机理的作用因而难以实现故障诊断及溯源。为解决此问题，本节联合磨粒宏观统计数据及微观磨损机理进行磨损状态的时间序列协同表征[13]，介绍一种新型的磨损状态演变建模方法[14]。

如图 5-8 所示，首先以磨粒覆盖面积指数（IPCA）、磨粒数量（Number）、大磨粒占比（PLP）作为磨损宏观统计数据，运用 5.1.2 节中建立的 Mean-shift 磨损阶段动态辨识模型获得磨损状态的数据演变；其次以磨粒类型表征微观磨损机理，运用第 4 章建立的分层辨识模

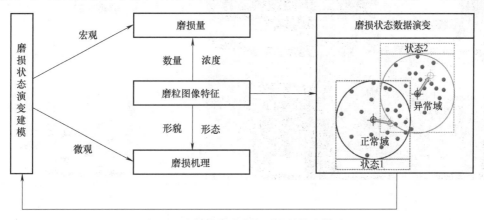

图 5-8　磨损状态演变全过程的综合描述

型识别典型失效磨粒类型，并统计分析每类磨粒的数量、尺度以表征设备的主导磨损机理；最后，基于时域将磨损状态的数据演变和主导磨损机理相结合，即可实现设备在运行过程中磨损状态演变全过程的综合描述[15]。

从图5-8所示的磨损状态演变建模中可以发现，在磨损状态监测过程中，磨损机理和磨损率表征的磨损状态是相互独立的，不同磨损率的摩擦副可发生相同的磨损模式，而不同的磨损机理可对应相同的磨损率。因此，采用磨损率和磨损机理共同评估设备的健康状态，具有相辅相成的重要作用。

5.2 四球机摩擦试验的磨损状态分析

四球机是以滑动摩擦的形式，在点接触压力下模拟机械装备通用摩擦副长周期磨损测试的主要工具，具有载荷可控、测试过程可视化等显著优势。接下来，以四球机为对象，介绍其磨损全过程中的磨粒动态特征，进行磨损状态演变建模算法的应用。

5.2.1 方法描述和实验设计

1. 实验装置

图5-9为四球机实物图和磨粒图像采集系统以及钢球摩擦副的润滑油路原理示意图。四球机的基本工作原理是：四个钢球按照等边四面体排列，上钢球以一定的速度旋转，并通过杠杆或者液压系统对钢球施加负荷。在此基础上，将运动磨粒图像采集系统与四球机的润滑系统连接形成油液回路，当磨粒随着油液流经运动磨粒成像传感器时，拍摄运动磨粒的视频并提取动态磨粒特征，具体的采集及分析原理详见第3章。

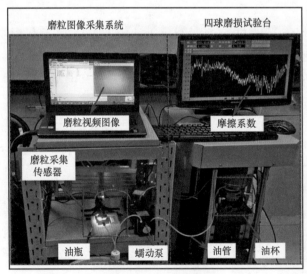

a) 磨粒图像采集系统实物图

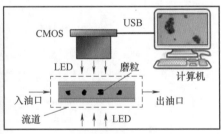

b) 磨粒图像采集系统示意图

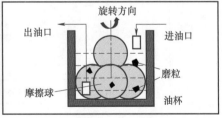

c) 四球机油杯结构简图

图 5-9 四球机磨损监测装置示意图

2. 四球机磨损监测实验方案

实验用的摩擦球材质为碳铬轴承钢（GCr15），钢球的硬度为 HRC58-63，表面粗糙度为 0.025mm。磨损实验的工况为：润滑油为基础油、载荷 800N、转速 1000r/min，共设计 4 组实验：实验#1，时长 5h，历经磨合期、正常磨损期和剧烈磨损期三个阶段，用于获取磨损的变化趋势；实验#2，时长 10min，用于获取磨合期钢球的磨损状态；实验#3，时长 2h，用于获取正常磨损期钢球的磨损状态；实验#4，人为调整电机主轴中心位置，使其与钢球的垂直中心不重合，进行偏心运动的破坏性试验，时长 10min，用以模拟故障发生时的磨粒信息和钢球的磨损状态。具体的实验工况见表 5-1。

表 5-1　四球机全寿命监测实验工况

实验	工况参数	时长
#1	基础油润滑，800N 载荷，1000r/min 转速	5h
#2	基础油润滑，800N 载荷，1000r/min 转速	10min
#3	基础油润滑，800N 载荷，1000r/min 转速	2h
#4	基础油润滑，800N 载荷，1000r/min 转速，电主轴偏心	10min

附加说明：

1）提取实验#1 全过程的磨粒信息，作为磨损状态演变动态建模参数。

2）为保证实时在线监测磨粒特征，四球机处于不停歇持续运转状态，但是为获取不同磨损阶段钢球的磨损表面信息进行对比分析，设计了实验#2 和实验#3，实验结束后执行拆机检验。

3）由于机器携带自我保护装置，当温度较高或过载时电机会自动停止运行，因此四球机在正常运转下难以获取故障磨粒信息，为此，设计破坏性实验#4，模拟机器故障的发生。

4）机器停止运行后，磨粒监测系统需执行完整采集循环才停止工作。

采用图 5-9 所示的运动磨粒图像采集系统获取磨粒特征参数，为磨损状态辨识奠定基础。磨粒图像采集系统与四球机同时运行，磨粒采集与分析软件系统为循环运行模式，采样周期间隔为 6min。该程序包括两个处理步骤：前 1min，以流量为 10mL/min 的速度将油液抽取到运动磨粒图像传感器中并冲刷残余油液；后 5min，油液流速调整为 1mL/min，执行视频拍摄程序，采集帧率为 15 帧/s。循环结束时，视频被上传至计算机进行处理，处理速度为 17.64 帧/s，下一循环开始。

3. 四球机磨损实验中磨粒监测

图 5-10 为实验#1 和实验#4 中磨合、正常磨损和故障阶段采集的磨粒图像。可以发现，磨粒的尺寸和数量均随着运行时间的不同而发生改变。因此，单幅图像不能反映摩擦副的磨损状态，需要进行图像序列的磨粒统计特征提取。从图 5-10 还可以发现，尺寸约为 $50\mu m$ 的磨粒形状和颜色特征各不相同，反映了磨损过程中发生的不同磨损机理。因此，可通过提取磨粒的特征信息实现磨损严重程度判别和磨损机理分析，具体过程将在后续内容中详述。

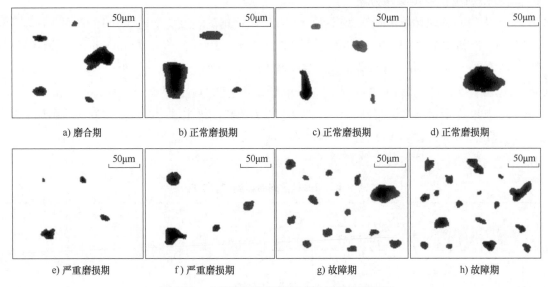

图 5-10　八张不同磨损阶段采集的磨粒缩略图

5.2.2　四球机磨损状态数据演变判断

如图 5-10 所示，磨粒图像序列包含着丰富的磨损信息，可用于磨损率和磨损严重程度表征以及不同磨损机理评估。然而，在运动磨粒监测过程中，运动磨粒图像传感器的视场较小且油液流速较低，单位时间内监测的磨粒数量较少。鉴于大磨粒相对于小磨粒包含更多磨损信息[7]，在该试验中采用大磨粒数量（Large Particle Quantity，LPQ）作为磨损率表征的特征参量，运用 Mean-shift 聚类算法实现不同磨损阶段的划分[14]。

根据 Mean-shift 聚类原理，将实验#1 和实验#4 的数据作为输入，得到的聚类结果如图 5-11a 所示。图 5-11 显示，数据样本因其不同的变化梯度而被视为不同类型，相邻类型之间的数据采用不同颜色标记。结合 5.1.2 节磨损程度分析方法，不同磨损阶段的变化趋势如图 5-11b 所示。可以发现，正常磨损期被划分成三个阶段（阶段-2、阶段-3 和阶段-4）。这是由于分析对象为球形摩擦副，随着四球机的不断运行，磨损程度不断加深，钢球表面磨痕的表面积越来越大，使得材料脱落的速率越来越高，因此不同磨损阶段的划分合理。从图 5-11a 还可以发现，磨合期的两组数据因变化梯度较大而被划分为不同类型。由于两组数据的时间间隔很短，图 5-11b 中仍将这一时间段的数据划分为同一磨损阶段（阶段-1）。同样地，故障阶段的三组数据所在的磨损阶段也被划分为同一阶段（阶段-5）。

如图 5-11 所示，以大磨粒数量的变化趋势作为依据，通过 Mean-shift 聚类算法实现了不同磨损阶段的自动判别。该结果表明，在线监测的磨粒数量可揭示磨损率的变化趋势，实现了磨损阶段判别。然而，图 5-11b 的磨损阶段包含了图 5-10 中显示的磨粒数量信息，但不能解释磨粒的颜色以及形态特征为何随着时间的推进而有所不同。因此，需要进一步分析磨损机理。

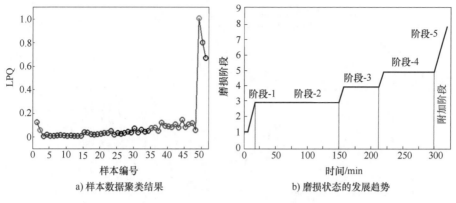

a) 样本数据聚类结果   b) 磨损状态的发展趋势

图 5-11　基于 LPQ 的磨损状态辨识结果

5.2.3　磨损状态演变规律辨识

通常，四球机的钢球摩擦副发生滑动摩擦，产生的磨粒为滑动磨粒。但是，在高速重载工况下以及较长的运行时间则会发生疲劳点蚀。此种情况下，借助第 4 章建立的分层辨识模型可以实现疲劳剥落和滑动磨粒的判别。此外，图 5-10 中部分磨粒还显示了特殊的颜色特征，这是由于润滑油膜破坏导致金属与金属直接接触摩擦，发生了氧化磨损。参照 1.3.2节，磨粒的颜色既可用于判断磨损部位的材料成分，也可用于鉴别铁系金属的氧化反应。由于四球机的摩擦副材质为 GCr15，材料组成单一，因此采用磨粒颜色可快速判断四球机运行过程中发生了氧化磨损。

如图 5-12 所示，实验#1 产生的磨粒中大部分的尺寸处于 [20，40] μm 的范围内，最大等效尺寸为 61μm。由于疲劳剥落和滑动磨粒具有较高的轮廓相似度，若尺寸过小，即使利用多视角图像也难以实现在线识别。经过多次试验探究，将系统的识别目标设置为 40μm（含）以上的磨粒，已在图 5-12 中用编号标记。

图 5-12 中编号磨粒的最大面积视图及其类型识别结果如图 5-13 所示，图中显示部分磨粒（编号①，②，⑧和⑨）的单视角轮廓相似，但是其动态翻滚提取的空间特征不同，因此系统将其判别为不同类型。如图 5-13 所示，不同形状磨粒的颜色也不同，因此同一个磨粒被判定为既是滑动（或疲劳剥落）磨粒也是氧化磨粒（编号③、⑤、⑥、⑦和⑧）。将图 5-13 中磨粒的类型识别结果与图 5-12 中的时间轴对应，即可估计磨损机理发生的时间。

最后，结合磨损机理和图 5-11 所示的采用磨粒数量表征磨损阶段演变，即可实现实验#1中四球机在运行过程中磨损状态演变全过程的综合描述，如图 5-14 所示[⊖]。图中并未显示滑动磨损机理，这是因为四球机的正常磨损状态即为滑动，伴随着设备运行的全过程而不取决于磨粒类型的判别结果。

⊖ 磨损状态演变的综合表征模型未融合实验#4 的故障数据，这是因为实验#4 属于非正常工况下的运行结果。而且，运行时间很短（10min），未产生疲劳和氧化磨粒，若与实验#1 的磨损机理结合，则表征模型出现错误。

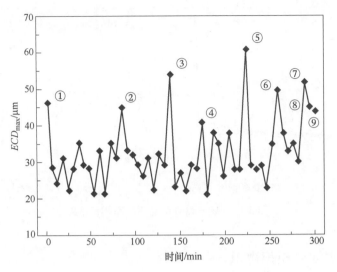

图 5-12　实验#1 中磨粒尺寸的变化趋势

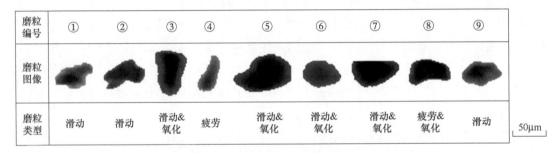

图 5-13　图 5-12 中编号磨粒的最大面积视图及其类型识别结果

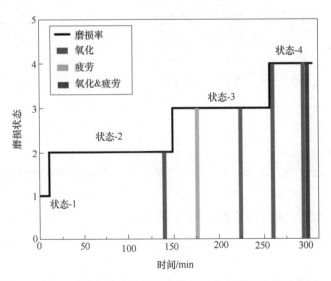

图 5-14　融合磨损率和磨损机理的四球机磨损状态演变辨识

需要注意的是，该实验只对尺寸大于 $40\mu m$ 的磨粒进行类型识别，而四球机在正常磨损状态下产生的磨粒一般小于 $40\mu m$，导致磨损机理的识别结果间断非连续。从图 5-14 可以发现，随着设备的持续运行，磨损程度不断加剧，氧化和疲劳磨损也相继发生。具体地，从第 138min 开始，氧化磨损持续发生并伴随实验结束，但只在第 178min 和第 296min 监测到疲劳磨损，结果相对随机。

5.2.4 磨损表面检测与验证

在 5.2.1 节的实验中设计了三组不同时长的正常磨损实验，即实验#1、#2 和#3，其目的是做对比实验。通过结合离线拆机检验分析不同运行阶段钢球的磨损状态，与在线辨识结果做对比，验证磨损状态在线表征模型的有效性。此外，设计了一组人为破坏性试验（实验#4），用以模拟故障发生时的磨损状态以获取故障磨粒信息。在实验结束时，对设备进行拆机检验，采用光学显微镜拍摄摩擦球的表面磨痕图像，结果如图 5-15 所示。

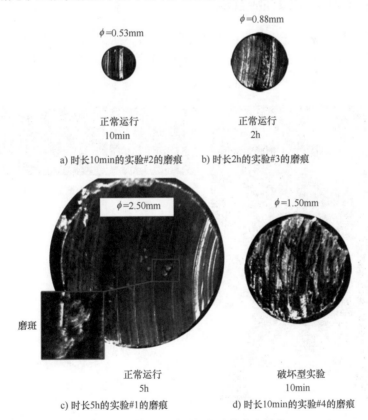

a) 时长10min的实验#2的磨痕　　b) 时长2h的实验#3的磨痕

c) 时长5h的实验#1的磨痕　　d) 时长10min的实验#4的磨痕

图 5-15　四组不同时长实验的磨痕图像

图 5-15a～图 5-15c 为相同工况下不同时长磨损形成的磨痕表面图像。可以发现，随着摩擦副运行时间的推进，磨痕的直径逐渐增大，使得摩擦副表面接触面积增大，从侧面给出了图 5-11 中磨粒数量增多、磨损率稳步增加的解释。图 5-15d 为破坏性实验#4 形成的磨痕图像。可以发现，该实验虽然只持续了 10min，但其磨痕的直径（$\phi = 1.50mm$）比实验#2

（ϕ＝0.53mm）和实验#3（ϕ＝0.88mm）的大，且磨痕表面的粗糙度相对其他实验的磨痕也较大。特别地，从图5-15c可以发现局部点蚀磨斑，该现象进一步说明实验#1中不仅发生了滑动磨损也产生了疲劳点蚀。上述分析表明，离线磨痕的分析结果与磨粒在线监测判别的磨损状态结果相一致，可作为在线磨损状态监测可靠性的验证依据。

5.3　车桥台架测试的磨损状态监测与动态预警

车桥是工程车辆的关键组成部件，通过复杂齿轮系统传递车架和车轮之间的作用力，形成工程车辆的前驱力。然而，复杂的行驶工况导致车桥齿轮长期处于变载荷、高循环应力下，极易产生粘着磨损、疲劳磨损等失效行为。针对此问题，应用5.1节中磨损状态判断方法开展了车桥齿轮疲劳台架试验的磨粒图像在线监测及磨损失效预警。

5.3.1　车桥台架磨粒图像在线监测

以车桥台架作为对象，开展车桥齿轮疲劳试验，并将磨粒图像监测系统安装于试验台润滑油回路中，对试验过程中润滑油携带的磨粒进行实时监测，如图5-16所示。磨粒图像监测系统具体采集原理见第2、3章，监测内容主要包括：磨粒图片及磨粒浓度。

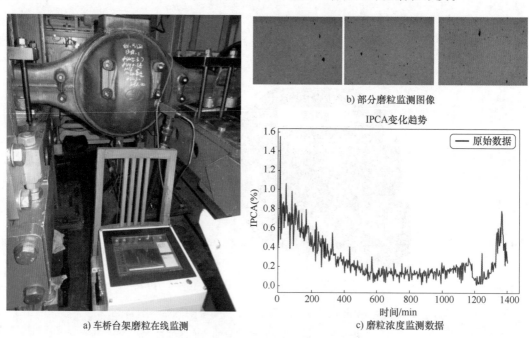

a) 车桥台架磨粒在线监测　　　b) 部分磨粒监测图像　　　c) 磨粒浓度监测数据

图5-16　车桥台架磨粒图像在线监测

5.3.2　车桥台架磨损失效预警模型

如图5-16b所示，车桥台架试验测试过程中产生的磨粒尺寸小且数量较少，削弱了磨粒数量与大磨粒占比表征磨损状态的有效性。为此，仅采用IPCA作为参量表征车桥齿轮磨损严重程度。下面将以 5.1 节磨损状态分析模型为基础，介绍车桥台架磨损失效预警模型。

5.3.2.1 基于 SG 滤波算法的数据预处理

IPCA 指标能够有效表征车桥齿轮的实时磨损状态，但是复杂运行工况导致 IPCA 监测数据波动性大且含有噪声。为防止因异常噪声而引起虚警，车桥台架磨损失效预警模型采用 SG（Savitzky-Golay）拟合方法[16]对 IPCA 监测数据进行降噪处理，其主要原因在于该方法在滤除噪声的同时可以确保时序数据曲线的形状、宽度不变，较准确地保留时间序列的变化趋势。SG 滤波拟合方法作为平滑时间序列数据的一种加权平均算法，其加权系数取决于在一个滤波窗口内给定高阶多项式的最小二乘拟合次数，其表达式如式（5-6）所示。

$$\hat{Y}_J = \frac{\sum\limits_{i=-m}^{m} C_i Y_{j+1}}{N} \tag{5-6}$$

式中 Y_{j+1}——原始时间序列；

   $\hat{Y}_J$——时间序列数据的拟合值；

   C_i——滤波系数；

   N——卷积数目；

   m——滤波窗口的大小。

采用 SG 滤波拟合方法对图 5-16 中车桥台架 IPCA 监测数据进行平滑降噪，处理前后的 IPCA 数据如图 5-17 所示。可以发现，SG 滤波拟合方法能够减小甚至消除异常噪声带来的干扰，将 IPCA 监测数据从含有噪声、波动性大的曲线转变为噪声小、数据平滑的曲线，提高了 IPCA 数据分析与动态监测的准确性，为后续基于 IPCA 指标的磨损失效预警奠定基础。

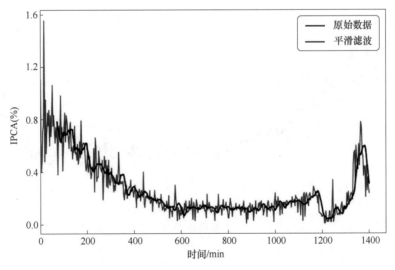

图 5-17　SG 滤波前后的 IPCA 监测数据

5.3.2.2 基于磨损阶段判断的失效预警建模

车桥台架试验中 IPCA 监测数据呈现"浴盆曲线"的变化趋势，但是磨合期与剧烈磨损期具有较高且相似的 IPCA 数值，导致恒定不变的阈值无法达到动态预警功能。针对此问题，车桥台架磨损失效预警模型通过仿照 5.1.2 节建立动态聚类算法[17]，求解数据聚类中心以判定设备当前的磨损阶段，若判定设备处于磨合期，则提高预警阈值以避免虚警；反之，若判定设备度过了磨合期，则恢复正常的预警阈值。

车桥台架磨损失效预警模型中以动态聚类算法判断的磨损阶段为基础，采用 3σ 准则[18]实时计算 IPCA 监测数据的均值与方差，并引入修正系数 α 求解当前时刻的失效预警阈值，从而形成磨损失效动态预警曲线。动态阈值计算如式（5-7）所示。

$$y = \alpha x_n + (1-\alpha)(\bar{x} + 3\sigma) \tag{5-7}$$

式中　y——阈值；

　　　α——修正系数；

　　　x_n——聚类中心；

　　　$\bar{x}$——数据的均值；

　　　σ——数据的标准差。

为验证提出的动态预警阈值算法，将其应用到图 5-17 所示的降噪平滑后的 IPCA 监测数据，结果如图 5-18 所示。图中蓝色曲线代表 IPCA 源数据，黑色曲线代表滤波后的数据，红色曲线代表动态预警线。当滤波曲线与预警曲线相交时，表明齿轮已进入剧烈磨损阶段。

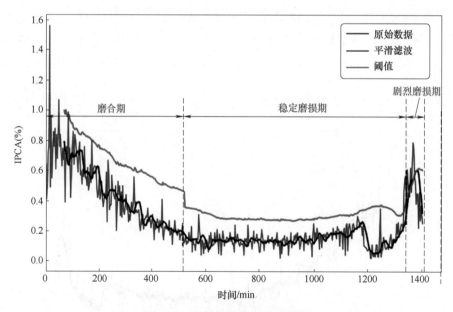

图 5-18　车桥齿轮磨损失效预警

5.3.3　车桥台架磨损监测实测案例

5.3.3.1　车桥齿轮疲劳试验#1

针对某型车桥齿轮进行疲劳试验，累计进行 15h，共采集 327 组磨粒监测数据，其中，在第 15h 因车桥扭矩波动异常停机。图 5-19 和图 5-20 分别为结合 IPCA 监测数据与 5.3.2 节进行的车桥齿轮磨损失效预警及部分磨粒监测图片。

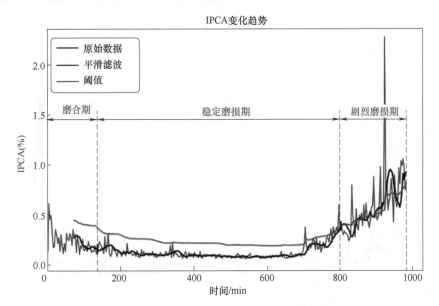

图 5-19　车桥齿轮疲劳试验#1 磨损失效预警

a) 预警前时刻　　　　b) 预警时刻　　　　c) 停机时刻

图 5-20　车桥齿轮疲劳试验#2 磨粒监测图像

如图 5-19 所示，车桥台架磨损失效预警模型能够利用 IPCA 监测数据自动判别车桥齿轮的三个磨损阶段。在车桥齿轮进入剧烈磨损期后，IPCA 监测数据幅值陡增，磨粒数量逐渐增加。相较于实验记录的齿轮打齿时间，车桥台架磨损失效预警模型在第 266 组监测数据便能判断设备进入剧烈磨损期，提前 177min 进行磨损失效预警。

5.3.3.2　车桥齿轮疲劳试验#2

针对某型车桥齿轮进行疲劳试验，累计进行 40h，共采集 850 组磨粒监测数据，其中，在第 40h 因齿轮打齿停机。图 5-21 和图 5-22 分别为结合 IPCA 监测数据与 5.3.2 节进行的车桥齿轮磨损失效预警及部分磨粒监测图片。

如图 5-21 所示，本次试验的 IPCA 监测数据依旧存在三个磨损阶段，并且通过提出模型有效识别了车桥剧烈磨损阶段。相比于实验记录的齿轮打齿时间，车桥台架磨损失效预警模型在第 781 组监测数据便能判断车桥齿轮进入剧烈磨损期，提前 148min 进行磨损失效预警。上述试验证明了车桥台架磨损失效预警模型为车桥齿轮损坏提供早期预警的有效性。

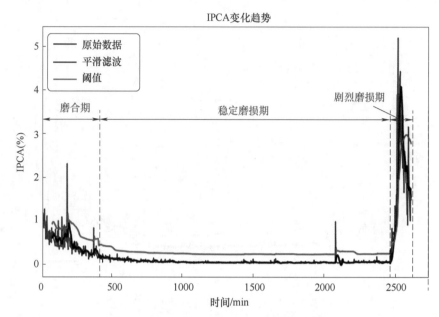

图 5-21　车桥齿轮疲劳试验#2 磨损失效预警

a) 预警前时刻　　　　　　b) 预警时刻　　　　　　c) 停机时刻

图 5-22　车桥齿轮疲劳试验#2 磨粒监测图像

5.4　谐波减速器全寿命试验的磨损状态动态监测

谐波减速器是工业机器人的核心部件，通过波发生器装配上柔性轴承使柔性齿轮产生可控弹性变形，并与刚性齿轮相啮合来实现工业机器人关节的运动和动力传递。因柔轮、刚轮、波发生器间特殊的工作机制，各零部件之间多个摩擦副极易产生磨损，导致谐波减速器传递效率降低乃至失效。然而，现有工作主要集中于其传动特性研究，对于实际工况下性能退化规律的研究较少。为此，本节以在线和离线磨粒监测技术作定量分析，以表面形貌监测为验证，介绍谐波减速器磨损性能退化试验，为工业机器人健康评估提供实际参考。

5.4.1　性能退化实验方案设计

1. 谐波减速器性能退化实验

为模拟工业机器人实际运行工况，谐波减速器磨损性能退化实验选定 1500r/min 作为性能退化试验的工作转速，工作载荷选定 20N·m，润滑油使用基础油作为实验的加速条件。谐波减速器摩擦测试实验平台如图 5-23 所示，具体实验参数见表 5-2。

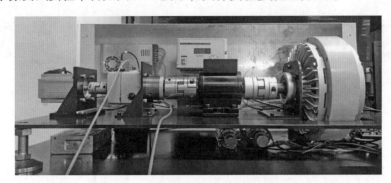

图 5-23　谐波减速器摩擦测试实验平台

表 5-2　谐波减速器磨损性能退化实验参数

试样	载荷/（N·m）	转速/（r/min）	润滑油	备注
1#正常工况	10/20/30/40	400~2500	基础油齿轮油	预实验
2#退化实验	20	1500	基础油	工况模拟

2. 谐波减速器磨损过程监测手段

1）磨粒图像分析。本谐波减速器磨损性能退化实验采用在线与离线铁谱分析相结合方式对循环油液系统中磨粒图像进行采集分析。其中，在线磨粒分析的采样周期为 2min/次，输出 IPCA 等监测指标，注重统计数据的变化，适用于磨损阶段的演变分析；离线铁谱分析的采样周期为 12h/次，磨粒图像分辨率高，可通过磨粒形状、类型等信息判别磨粒类型，适用于磨损机理分析。在线磨粒、离线铁谱分析方法相互补充，共同表征谐波减速器的磨损性能。

2）磨损表面形貌分析。磨粒分析实现了谐波减速器磨损过程的监测，在此基础上，引入摩擦副磨损表面形貌分析，通过表面形貌图片以及典型磨损形貌分析实现谐波减速器柔轮、柔性轴承等主要零部件磨损机理的定性判别。

5.4.2　谐波减速器磨损性能退化监测

基于 5.4.1 节的实验方案和磨粒监测手段，本节介绍谐波减速器的磨损性能退化监测方法。首先，通过磨粒浓度 IPCA 数据实时监测摩擦副的磨损状态；其次，结合离线铁谱典型失效磨粒判别方法揭示磨损机理；最后，借助表面形貌观测验证磨粒分析结果。

5.4.2.1 基于在线磨粒图像的磨损阶段判断

图 5-24 为本实验监测磨粒浓度 IPCA 随时间的变化曲线，并通过 5.1 节中磨损判别模型识别谐波减速器的磨损阶段。可以发现，谐波减速器全寿命周期中 IPCA 监测数据演变呈"浴盆曲线"的趋势，包含了磨合期、正常磨损期和剧烈磨损期三个阶段。其中，磨合期和剧烈磨损期的 IPCA 数据波动比较明显，磨合期的 IPCA 数据逐渐下降；剧烈磨损期的数据快速上升；正常磨损期 IPCA 数据较小，曲线较为平稳。

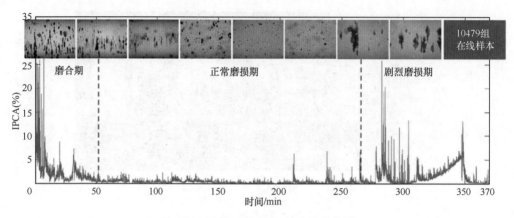

图 5-24 磨损过程 IPCA 值变化趋势图

图 5-25 给出了对应以上三个阶段的典型静态磨粒图像。其中，图 5-25a 和图 5-25b 为磨合初期和磨合中期的图像，图 5-25c 和图 5-25d 分别为正常磨损期和剧烈磨损期的图像。从图 5-25a 可以发现，磨合初期的磨粒数量较多，且形状和尺寸都有所差别。由于此时各摩擦副表面都处于机加工后的初始状态，部件表面的粗糙峰在接触时容易剥落形成磨粒。从图 5-25b 可以看出，磨合中期磨粒数量显著减小。随着磨合完成，摩擦副表面逐渐变得平滑稳定，有利于油膜的形成。随后，磨损进入正常阶段，这一阶段理论上不存在摩擦接触，在润滑系统中仅存在少量残留磨粒，如图 5-25c 所示。随着运行时间增加，由磨粒磨损或者油液性质变化引起的材料疲劳逐步累积，当累积程度超过材料的疲劳极限，谐波减速器进入了剧烈磨损阶段，如图 5-25d 所示。

5.4.2.2 基于图像可视铁谱的磨损机理辨识

图 5-26 分别展示了谐波减速器全寿命阶段离线铁谱分析中的典型磨粒链图像与单磨粒图像。如图 5-26a 所示，磨合期的铁谱谱片入口处磨粒成链指数较高，磨粒多且堆积成细长链，与图 5-25a 磨合期磨粒特征相对应；正常磨损期的磨粒数量明显减少，基本不成链；剧烈磨损期磨粒成链指数又增高，且磨粒尺寸显著增大，与图 5-25d 剧烈磨损期磨粒特征相对应。如图 5-26d 所示，在设备磨合期，摩擦副表面粗糙峰相互挤压剥落产生较多的磨粒，磨粒又经滚动件表面碾压，形成片状磨粒。设备正常磨损期间，随着零件表面磨合完成，油液中磨粒数量和尺寸均显著减少。在剧烈磨损期，摩擦副因交变载荷作用逐渐进入疲劳阶段，表面的疲劳裂纹发展连通后，剥落形成疲劳剥落磨粒，如图 5-26f 所示。相比于片状磨粒，该类磨粒表面比较粗糙，带有麻点。结合图 5-25 与图 5-26 共同分析，280h 后磨粒总体数量

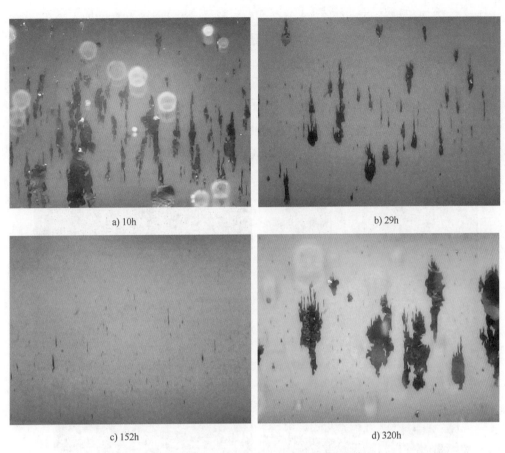

a) 10h   b) 29h

c) 152h   d) 320h

图 5-25　不同磨损阶段的典型静态磨粒图像

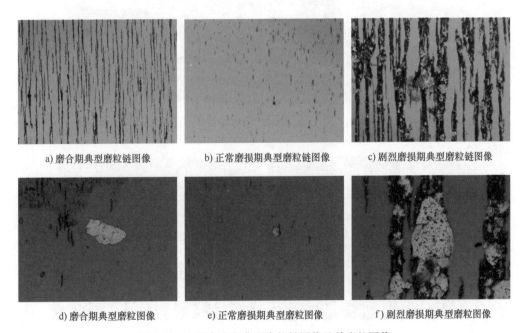

a) 磨合期典型磨粒链图像 b) 正常磨损期典型磨粒链图像 c) 剧烈磨损期典型磨粒链图像

d) 磨合期典型磨粒图像 e) 正常磨损期典型磨粒图像 f) 剧烈磨损期典型磨粒图像

图 5-26　全寿命阶段典型磨粒链图像及单磨粒图像

急剧增加，尤其是大磨粒开始增多，表明谐波减速器已经进入磨损失效初期，验证了在线磨粒分析中判断谐波减速器进入剧烈磨损阶段的结论。

5.4.2.3 结合磨损表面的磨损机理验证

为探究谐波减速器的磨损状态，在停机后将其主要零部件进行拆卸，并采用微观三维形貌原位测量系统分析摩擦副的表面形貌。如图 5-27 ~ 图 5-29 所示，在谐波减速器各个摩擦副表面均产生了不同程度的磨损。其中，柔轮轮齿表面存在凹坑，柔轮内壁表面存在划痕，而波发生器轴承表面则产生了点蚀与材料剥落等典型特征。上述特征与磨粒离线分析结果相一致，两者共同表明：谐波减速器已经进入剧烈磨损阶段，其典型磨损机理是疲劳磨损。

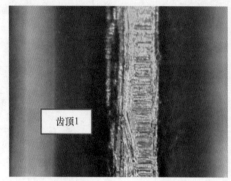

图 5-27 柔轮轮齿表面形貌

图 5-28 柔轮内壁表面形貌

图 5-29 波发生器轴承表面形貌

5.5　小结

本章介绍了一种融合磨损速率与磨损机理的磨损状态在线监测方法，并介绍了在四球摩擦磨损试验机、车桥台架与谐波减速器磨损状态演变分析上的应用，具体内容如下。首先，介绍了基于 Mean-shift 聚类的磨损状态演变综合表征方法。该方法以磨粒覆盖面积、磨粒数量和大磨粒占比表征磨损速率，以磨粒类型表征磨损机理，基于 Mean-shift 聚类将两者从时域融合，实现了不同磨损阶段及其主导磨损机理的判别。其次，介绍了磨损状态演变监测方法在四球机加速试验的应用，并通过磨痕表面形貌离线检测侧面验证了判别结果的可靠性。再次，以磨损状态演变综合表征方法为基础，介绍了符合车桥台架工程实际需求的磨损失效预警模型，实现了车桥齿轮疲劳试验的磨损失效实时监测。最后，联合在线和离线磨粒监测技术阐明了谐波减速器磨损性能退化规律，并通过磨损表面形貌检验了分析结果。该谐波减速器磨损退化关键部位为柔轮内壁与柔性轴承外壁，典型磨损机理为疲劳剥落。

参 考 文 献

［1］ WU T H, PENG Y P, WU H K, et al. Full-life dynamic identification of wear state based on on-line wear debris image features. Mechanical Systems and Signal Processing ［J］. 2014, 42 (1-2): 404-414.

［2］ WU T H, WANG J Q, WU J Y, et al. Wear characterization by an on-line ferrograph image ［J］. Proceedings of the Institution of Mechanical Engineers Part J-Journal of Engineering Tribology, 2011, 225: 23-34.

［3］ PAN Y, WU T H, JING Y T, et al. Remaining useful life prediction of lubrication oil by integrating multi-source knowledge and multi-indicator data ［J］. Mechanical Systems and Signal Processing, 2023, 191: 110174.

［4］ WU T H, WU H K, DU Y, et al. Progress and trend of sensor technology for on-line oil monitoring ［J］. Science China Technological Sciences, 2013, 56 (12): 2914-2926.

［5］ JOHNSON M. Wear debris measurement ［J］. Tribology & lubrication technology, 2011, 67 (5): 27-34.

［6］ WANG S, WU T H, WU H K, et al. Modeling wear state evolution using real-time wear debris features ［J］. Tribology transactions, 2017, 60 (6): 1022-1032.

［7］ PAN Y, HAN Z D, WU T H, et al. Remaining useful life prediction of lubricating oil with small samples ［J］. IEEE Transactions on Industrial Electronics, 2023, 70 (7): 7373-7381.

［8］ GONÇALVES A C, LAGO D F, ALBUQUERQUE MCF. Maintenance of reducers with an unbalanced load through vibration and oil analysis predictive techniques ［M］. Berlin: INTECH Open Access Publisher, 2011.

［9］ 吴虹堃. 在线磨粒图像智能分割及磨损状态演变建模研究 ［D］. 西安: 西安交通大学, 2015.

［10］ 谢友柏. 摩擦学的三个公理 ［J］. 摩擦学学报, 2001, 21 (3): 161-166.

［11］ GHASSABEH Y A. On the convergence of the mean shift algorithm in the one-dimensional space ［J］. Pattern Recognition Letters, 2013, 34 (12): 1423-1427.

［12］ GHASSABEH Y A. A sufficient condition for the convergence of the mean shift algorithm with Gaussian kernel ［J］. Journal of Multivariate Analysis, 2015, 135: 1-10.

［13］ WU T H, PENG Y P, SHENG C X, et al. Intelligent identification of wear mechanism via on-line ferrograph images ［J］. Chinese Journal of Mechanical Engineering, 2014, 27 (2): 411-417.

［14］彭业萍. 基于多视角特征的在线磨粒识别及其在磨损状态分析中的应用研究［D］. 西安：西安交通大学，2017.

［15］PENG Y P，WU T H，WANG S，et al. Wear state identification using dynamic features of wear debris for online purpose［J］. Wear，2017，376-377：1885-1891.

［16］SEO J，MA H，SAHA T K. On savitzky-golay filtering for online condition monitoring of transformer on-load tap changer［J］. IEEE Transactions on Power Delivery，2018，33（4）：1689-1698.

［17］ZHOU K，YANG S. Effect of cluster size distribution on clustering：a comparative study of k-means and fuzzy c-means clustering［J］. Pattern Analysis and Applications，2020，23（1）：455-466.

［18］何世彪，杨士中. 3σ 准则在小波消噪中的应用［J］. 重庆大学学报（自然科学版），2002，25（12）：4-21.